给孩子的地球简史

[英]马丁·英斯（Martin Ince） 著

刘凯 译

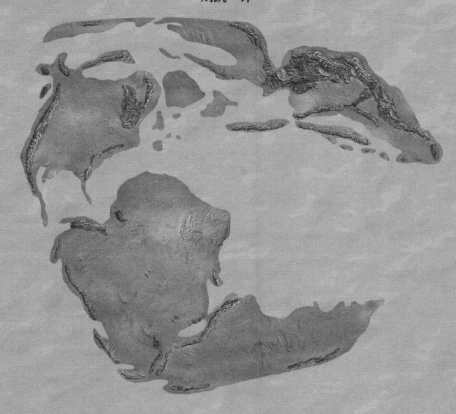

光明日报 出版社

地球简史时间线

元古宙（25亿~5.4亿年前）

随着气温骤降，地球变成了"雪球"。在很长一段时间里，为严寒天气所迫，生物只能在海洋或海岸上挣扎着存活。

侏罗纪早期（2亿~1.5亿年前）

气温上升，导致冰盖融化，干旱的沙漠迎来降水。伴随着气候变化，侏罗纪时期到来了，陆地与海洋遍布着各种生物。地球上的生态系统也发生了改变，新的栖息地被创造出来，爬行动物开始蓬勃发展。

二叠纪（2.99亿~2.52亿年前）

地球生物遭遇了一场可怕的灾难——"生物大灭绝"，导致几乎95%的物种从地球上消失。

中生代

侏罗纪晚期（1.5亿~1.45亿年前）

侏罗纪晚期的气候非常温暖，两极冰盖消失。这样的气候条件适宜植被繁茂生长，也有助于恐龙繁衍生息。这一时期最值得注意的是海洋生物——广阔的水域为丰富多样的海洋生物繁衍后代创造了理想的环境。

白垩纪（1.45亿~6600万年前）

白垩纪的浅水中遍布生物，大到鱼龙，小到浮游生物等，应有尽有。此外，这一时期出现了开花植物，蜜蜂、黄蜂、蚂蚁和甲虫等昆虫也随之数量激增，它们帮助开花植物传播花粉和种子。

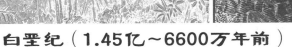

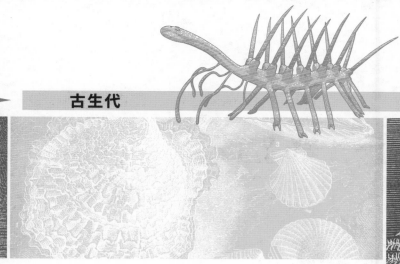

注：此时间线并未涉及地球46亿年中的全部历史时期，如冥古宙、太古宙、奥陶纪、志留纪、三叠纪、新近纪、更新世。

古生代

寒武纪（5.4亿~4.85亿年前）

在这一惊人的生物演化和增长时期，地球上的物种从寥寥无几猛增至成千上万。生物种类增加得如此之多，以至于这一时期见证了几乎所有主要动物群体的起源。

石炭纪（3.59亿~2.99亿年前）

石炭纪有着植被生长的理想环境，地表被密密层层的植被覆盖。随着时间流逝，死去的植物残骸在地球内部形成了大量的煤炭，这就是"石炭纪"这一名字的由来。

泥盆纪（4.19亿~3.59亿年前）

泥盆纪时期，鱼类数量激增，新物种层出不穷，因此这一时期通常被称为"鱼类时代"。这些鱼类大多为硬骨鱼，具有骨化的骨骼，这一特征对陆生动物的最终演化至关重要。同时泥盆纪也首次出现了森林和沼泽，陆地变成了绿色。

新生代

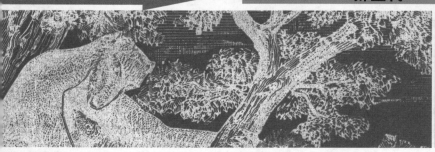

古近纪（6600万~2300万年前）

古近纪，恐龙灭绝，地球上的哺乳动物开始崛起。这一时期天更暖和，更重要的是，没了恐龙的竞争，哺乳动物在种类和数量上得以蓬勃发展。

全新世（1.17万年前至今）

目前在全世界已被发现的动物达150多万种，生命的多样性令人惊叹。然而，人类活动对气候产生了前所未有的影响，随着越来越多的物种濒危，我们可能会再次面临大规模的生物灭绝，就像白垩纪恐龙大灭绝那样。

大陆的 "舞蹈"

本书所讲述的故事，来自一个令人惊讶的理论——大陆漂移说。一个世纪前，包括地质学家在内的几乎所有人都嘲笑这一理论。大陆漂移说认为世界的各个大陆并非静止不动，而是在地球表面不断漂移，而且从古至今，一直都是这样。我们所说的"漂移"并不是地球各处的小幅移动，而是长达数千千米的旅程。非洲曾多次去过南极洲，北美洲和欧洲曾经是连在一起的……当然，还远不止这些。

比利时人亚伯拉罕·奥特柳斯于1596年首次提出"大陆漂移"的概念，后来地球物理学家魏格纳在此基础上于1912年正式提出"大陆漂移说"。魏格纳留意到，非洲西海岸和南美洲东海岸的轮廓相近，而且这两块大陆上分布着相似的岩石和古生物化石。这只是巧合吗？魏格纳可不这么认为，他推测在远古时代，地球上所有的陆地都是相互连接的。然而，他的想法在当时并没有得到地质学家的重视。"完全就是胡说八道！""太荒唐了！"学者们如此嘲笑道。

但令人意想不到的是，魏格纳是对的。各大陆确实曾经移动过，而且至今仍在移动！我们现在知道，不仅是各个大陆，而且整个地球表面，包括洋底都在移动。地球表面断裂成不同的岩石圈板块（又被称为构造板块），这些构造板块在地球表面不断移动，同时带着大陆一同运动。这些细微的运动极其缓慢，甚至比指甲的生长速度还慢，但实际上我们可以通过精确的激光测距仪对其进行测量。

更重要的是，地质学家还找到了从岩石中读取线索的方法。这些线索告诉我们过去数十亿年，大陆在地表缓慢漂移所经历的奇妙旅程。它们展现了大陆如何随着时间的推移而"起舞"——有时聚在一起形成巨型超大陆，有时分裂成小碎块，有时在赤道忍受炙烤，有时在两极经历严寒。这是一个关于大陆漂移的神奇故事。

这一地球历史故事与同样非凡的生命故事一起上演。我们的星球充满了生命，这在宇宙中或许是独一无二的。地球上生物种类的丰富令人惊讶。我们把这种多样性归因于数十亿年间生物的不断演化。在演化进程中，一些生物存活下来，把自身的一些特征遗传给下一代，其他特征则消失了。最适应当时生存环境的物种能够幸存，而那些不太适应的物种则被淘汰。

亿万年间，随着各大陆不断移动和变化，许许多多的物种诞生又灭绝，其中最有名的可能要数恐龙了。这种了不起的生物曾很好地适应了生存环境，统治整个星球约1.65亿年，直到一次巨大的陨石撞击极大地改变了地球环境，才导致所有恐龙物种灭绝。历史上曾有几百万种生物出现在地球上，而后永远消失，恐龙只是其中之一罢了。

在这本讲述古老的大陆漂移故事的书中，你会欣赏到众多早已灭绝的古生物的生存画面，阅读到惊心动魄的关于地球及地球生命的故事。

目录

地球的形成（46亿年前）

虽然没有人亲眼看见，但科学家们可以推断出太阳、地球和太阳系中其他行星是如何形成的：旋转圆盘中的尘埃和气体在引力的作用下相互集聚，形成恒星和行星。圆盘中的大部分物质在中心形成恒星——太阳，其余物质形成围绕恒星运转的行星。

地球和太阳系的其他成员形成于约46亿年前，大约是宇宙年龄——138亿年的三分之一。

此外，科学家还发现，除了最轻的氢原子和氦原子外，宇宙中几乎所有原子都形成于恒星的炽热核心。当恒星爆炸形成新星或超新星时，这些原子便散播到太空中。

在行星形成过程中，尘埃和气体相互聚合，形成直径几百米的物体，并继续吸收周围的物质，形成直径几十千米的"星子"。星子不断变大，最终成为行星。周围那些没被吸收的残留物便成为彗星、陨石等更小的天体。

这一过程听上去简单，实际却非常复杂。地球就是这样形成的，它的中心是沉重的铁、镍质地核，周围是较轻的岩石，最外部则是最轻的物质：水和空气。

地球的内部直接影响其表面。地核中的液态金属不断对流，像锅里的沸水不断沸腾一样。地核就这样不断运动，产生了磁场。这一磁场能保护地球免受来自太阳的有害辐射，也能让人类通过指南针辨认方向。

接下来我们将关注地核之外的厚岩石层——地幔，正是地幔运动导致了大陆漂移。像地核的液态金属不断对流那样，地幔中可塑性的岩石物质也以类似的方式流动。地幔在流动过程中使大陆板块四处移动，并将地表物质拖到深处（也就是"俯冲"），将新的岩石物质推到地表。

不过，我们对地球的形成过程并非完全了解，比如，地球上的水是从哪里来的？一直以来，人们都认为水是地球形成初期彗星撞击时带来的。但是在2014年"罗塞塔"号彗星探测器登陆彗星67P时，人们发现，该彗星上水的成分和地球上海水的成分略有不同。是彗星67P和其他彗星不一样吗，还是说地球上的水不是来自彗星，而是来自别的地方，又或者是地球刚形成时水就产生了？目前还没有定论。

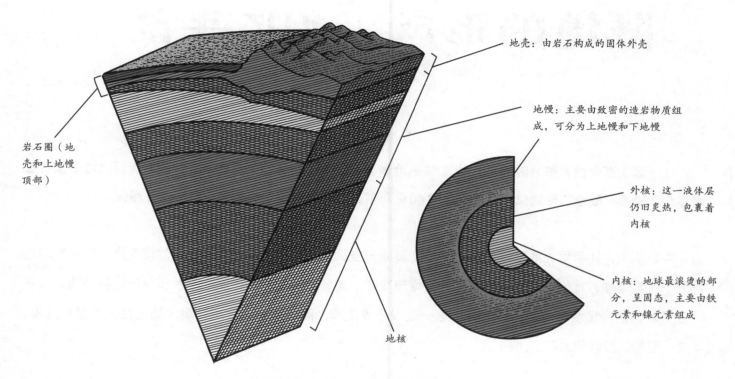

地壳：由岩石构成的固体外壳

地幔：主要由致密的造岩物质组成，可分为上地幔和下地幔

外核：这一液体层仍旧炙热，包裹着内核

内核：地球最滚烫的部分，呈固态，主要由铁元素和镍元素组成

岩石圈（地壳和上地幔顶部）

地核

上图：地球的横截面图，展示其众多圈层

月球

关于月球的起源目前尚无定论，有一种假说认为，地球诞生约1亿年后，遭到某一巨大天体的撞击，使地球外层的岩石抛向太空，形成了月球。因此，月球的岩石成分和地球上的相似，只不过密度要低得多。这可能是因为，被抛向太空的岩石并非来自地球密度最大、富含铁、镍元素的地核。

月球能传递丰富的信息。它的地质活动不活跃，所以在诞生初期形成的陨石坑和盆地能保存至今，显示早期的一些情况。与之相比，大部分地球岩石的年龄要小得多，甚至都不到10亿年。这就意味着，月球是展示太阳系起源和发展的独一无二的"博物馆"。

月球对地球上的生命做出了重要贡献。除了照亮夜晚，它还能使海水发生周期性涨落，形成潮汐（诚然，

这离不开太阳的帮助）。如果没有潮汐，海洋和海岸上的生命将与现在截然不同。

上图：夜空中的月亮为夜行动物照明

陆地的形成（40亿年前）

　　地球诞生至今的大部分时间里，约30%的地表都是陆地。但陆地是从哪里来的呢？为什么地表没有被海洋全面覆盖？陆地的形成似乎可以追溯到40亿年前，因为当时地球的外层已经冷却并凝固。

　　人们认为，随着地壳的发展变化，可能会形成一些孤立的岛屿。最被广为接受的理论是，地壳冷却的部分下沉至地幔，地幔中熔融的物质上升到地表冷却。随着时间的推移，这一不断重复的过程将地壳分成许多板块，这些板块相向或相背而行。这一过程导致了超大陆的形成和分裂，超大陆是巨大的聚集陆地，其中一些超大陆我们之后会讲到。

凯诺兰大陆

　　有观点认为，凯诺兰大陆是地球上最早的超大陆之一，存在于大约27亿年前到21亿年前。人们认为，这一大陆位于赤道附近，由今天的北美洲、欧洲北部、澳大利亚西部和非洲南部的陆地组成。

　　不过，对于凯诺兰大陆是否存在，目前尚有争议。有些观点认为，凯诺兰大陆由许多小岛屿合并而成。这些岛屿是在移动的构造板块抬高了部分地壳后形成的。而凯诺兰大陆持续的分裂活动发生在24.8亿年前

左图：地壳上的裂缝

到21亿年前。科学家通过研究与这种分裂活动相关的火山岩，以及伴随而来的地质疤痕"裂谷"，得出了这一结论。

在24亿年前到21亿年前这段时期，出现了漫长的冰期。因为产氧细菌吸收二氧化碳，并释放氧气，使甲烷氧化，清除了大气中的二氧化碳和甲烷等温室气体。这些温室气体能够吸收地表向外散发的热量，使地球升温，形成我们所说的"温室效应"。它们消失后，地球气温随之下降，由此产生了冰期。

上图：24亿年前到21亿年前，海洋处于冰冻状态

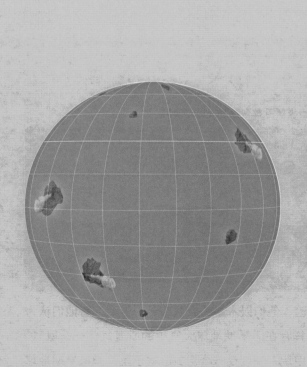

上图：约40亿年前，陆地以孤岛的
形式首次露出海面

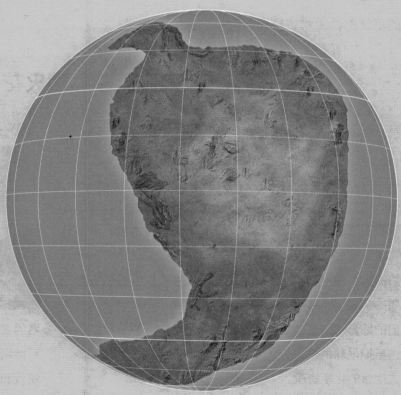

上图：凯诺兰大陆是否存在目前尚有争议

生命的开始

生命是地球上，或许也是宇宙中最伟大的奇迹，但没有人确切地知道它是如何开始的。生命的出现可能只是一次幸运的意外，又或者是它在不断地出现、消失，周而复始。我们能够确定的是，世上的每一个活细胞都是通过另一个活细胞分裂产生的。这意味着地球上的所有生物，大到野兽，小到虫子和细菌，都是相关的；这也意味着今天所有生物的祖先都必须追溯到过去——现存的每个物种都是经过数十亿年的自然演化形成的，而演化的起点仅是最初的一个单细胞生物体。

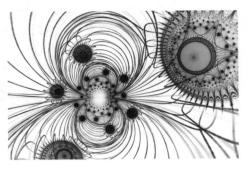

上图：活细胞太小，肉眼看不见，只能通过显微镜研究

这一单细胞生物体是我们最早的祖先，被生物学家称为"LUCA"。LUCA是英文the Last Universal Common Ancestor（最后的普遍性的共同祖先）的首字母缩写，意思是所有物种在分化之前最后的一个共同祖先，它出现在38亿年前到35亿年前这段时间。LUCA并不是第一个，也不是当时唯一活着的生物，但的确只有它幸存下来并将基因遗传给后代，成为今天所有生命的起源。在自然界中，LUCA介于细菌和更简单的单细胞微生物古细菌之间。

生命的火花

那么地球上的生命是如何开始的呢？

据我们所知，这一切都始于地球早期历史中，一次化学物质的偶然结合，这种结合创造出一种非同寻常的有机结构——不仅可以生长，还可以自我复制。这些化学物质被称为有机化学物质，是碳基物质。类似的化学物质遍布整个宇宙，那么生命的化学反应是从太空中开始的吗？你可以从降落在地球的陨石中发现有机化学物质的痕迹，也可以分析来自星际云的光，在那里找到它们的踪影。同时，彗星上也冻结着复杂的有机分子。撞击早期地球的彗星，很可能给地球带来了潜在的能够形成生命的化学物质。

这些化学物质也有可能是在地球上形成的。1953年，美国化学家斯坦利·米勒和哈罗德·尤里进行了一项著

下图：一块陨石撞向地球

名的实验，他们以木星的大气成分为参照，将他们认为可能同样存在于早期地球大气中的所有气体——氨气、氢气和甲烷——装在一个密封的罐子里，模拟早期地球的大气层状况。然后，他们用电火花来模拟闪电，轰击这一混合气体，结果迅速产生了大量的有机化学物质。

最初的细胞

关于产生生命的化学物质来自哪里，我们有了一些初步的推断。但从这些化学物质到活细胞是一次巨大的飞跃，我们仍不清楚这一过程是如何发生的。

也许最初的化学物质在过于极端的环境中结合并演化，今天的大多数生物都无法在那种环境中生存，不过也有例外。比如，在海洋深处，火山口喷发出炽热浓烟的"海底黑烟囱"附近，就生活着一个个微小的细胞群落。这里完全没有氧气，类似细菌的生物体以硫和其他矿物质为食。另外，在沸腾的泥火山中、温泉中、南极冰层深处、平流层的高处，以及深埋在地表下的最细小的岩石裂缝中，处处都能寻到微生物的踪影。

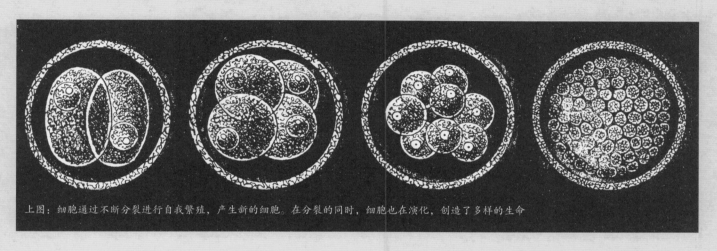

上图：细胞通过不断分裂进行自我繁殖，产生新的细胞。在分裂的同时，细胞也在演化，创造了多样的生命

达尔文主义

无论生命是如何开始的，我们都知道接下来发生了什么。万物起源于同一个单细胞生物体，并由达尔文发现的"物竞天择"规律所驱动，通过不断演化，来适应自身的生存环境，发展成从微生物到人类的一切生物。这一演化过程今天仍在发生。事实上，由于生活条件的变化，即使只与100年前的人类相比，今天的人类也有细微的不同！

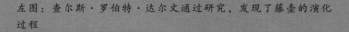

左图：查尔斯·罗伯特·达尔文通过研究，发现了藤壶的演化过程

上图：查尔斯·罗伯特·达尔文，提出生物进化论的科学家

元古宙
（25亿～5.4亿年前）

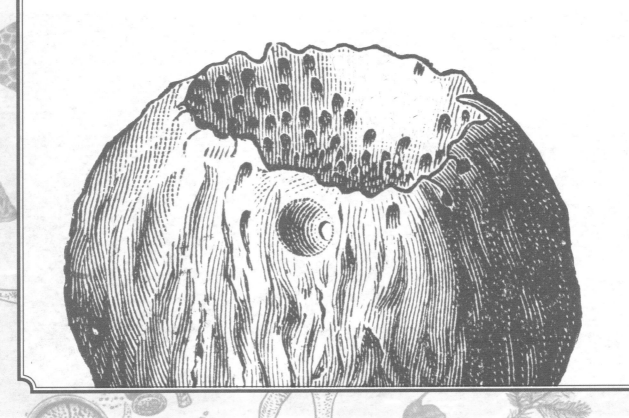

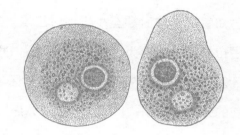

　　元古宙时期从25亿年前一直持续到5.4亿年前，长达20亿年，约占地球整个历史的一半。元古宙期间地球经历了几次雪球地球时期。在这样严寒的天气下，只有一些细菌、藻类、变形虫等微生物能够生存。

　　今天大陆的坚固核心——陆核，很久以前就已形成了。但在6.5亿年前的世界地图中，依然难以辨认。当时只有一片浩瀚的海洋，包围着一块单一大陆——罗迪尼亚超大陆，其由现代非洲、阿拉伯半岛、印度、中国北部和南极洲的部分陆地组成，而且南极洲就位于赤道上！当时中国南部位于北极地区，而亚马孙地区、佛罗里达州、阿拉斯加州和斯堪的纳维亚半岛位于南极地区。

雪球地球

在元古宙的某些时期，地球变得异常寒冷，以至于几乎整个星球都被厚厚的冰雪覆盖！除了少数海域，海洋大部分也都冻结了，就连赤道都出现了冰川。科学家称这些时期为"雪球地球"时期。

上图：在雪球地球时期，像这样的冰川在地球上随处可见

目前已知雪球地球时期至少出现过三次。第一次出现在24亿～21亿年前的元古宙早期，被称为"休伦冰河期"。另外两次时间比较接近，分别发生在7.2亿～6.6亿年前和6.5亿～6.35亿年前。所以从7.2亿年前到6.35亿年前的元古宙晚期，也被称为"成冰纪"。

在距离现在较近的时间里，地球曾多次出现"小冰期"。在此期间，广阔的冰盖和巨大的冰川从北极不断向南蔓延，覆盖北美洲和北欧的大片区域。但这些冰期和雪球地球时期相比，完全是小巫见大巫。在雪球地球时期，甚至赤道都和今天的南极洲一样冷，全球的平均气温低至 −50 ℃！

上图：从北极海冰中，我们可以窥见雪球地球是什么样的

地球为什么变得这么冷？

地球为什么会变得这么冷？一些人认为，当时地轴比以往更加倾斜，所以接收到的太阳热量变少了。另一些人则认为，是由于陆地聚合成了一块大陆，赤道上的土地面积过大，可能将更多的太阳光反射到空中，导致热量流失；又或者是因为岩石在热带高温下更快地被侵蚀，这一加速的化学反应消耗大气中的温室气体——二氧化碳，导致大气吸收的热量变少，更多热量流失到太空。

事实上，没人真正了解地球变冷的原因，但我们确切地知道，一旦地球冷到足以在赤道地区形成冰川和冰盖，那么天气很可能还会更冷。因为白色的冰雪能够反射一部分太阳光，降低地面的温度。

幸好，难熬的严寒最终结束了。一方面，火山喷发释放了大量温室气体；另一方面，低温减缓了岩石风化的速度，不再过度消耗温室气体。这样一来，大气的保温作用就会增强，冰层开始融化。

上图：在火山喷发的作用下，严寒的雪球地球时期结束了

雪球地球存在的证据

专家仍不能百分百确定雪球地球是否真实存在过，但越来越多的证据表明，那段时期确实存在大规模的冰川活动，冰川堆积物就是重要的线索之一。冰川留下的东西是独一无二的。冰川在运动过程中，有能力搬运巨石，将其带到很远的地方。随着冰川的消融，搬运的物质便堆积下来。当看到大小不一的砾石、砂、黏土等碎屑物混杂堆积时，你就能肯定这是冰川带到那里的堆积物，地质学家称之为"冰碛物"。

令人惊讶的是，专家在澳大利亚数千千米深的地下发现了冰碛层。这些深埋地下的冰碛层表明，历史上确实发生过剧烈的冰川作用（冰川的生成、运动和后退）。实际上，专家发现了两个冰碛层，而非一个，它们都可以追溯到元古宙晚期。所以当时很可能发生过两次冰川作用：一次是7.2亿年前到6.6亿年前的斯图尔特冰期，一次是6.5亿年前到6.35亿年前的马里诺冰期。世界各地都发现了这两个时期的类似冰碛物。

当然，这并不能证明地球曾是个雪球，只能说明当时地球上有很多冰。不过，人们有时可以从这些冰层的磁取向中，推测出当时冰川堆积物在地球上的位置，而且似乎有些堆积物被冰川带到了赤道上！也就

上图：冰碛岩，一种冰川堆积物形成的岩石

是说，当时赤道地区存在着冰川！除了冰碛物，另一条关键的线索就是盖帽碳酸盐岩，这是一种很薄且非常独特的石灰岩层，只有在冰盖融化时才会形成。世界各地都分布着冰期结束、冰层融化时形成的盖帽碳酸盐岩。这也说明地球曾发生过大规模的冰川活动……

上图：美国阿拉斯加州的冰川湾国家公园，为我们展示了过去冰河时代的遗迹是如何在冰层中完美保存下来的

雪球地球会再次出现吗？

自成冰纪以来，地球曾出现过多次冰期。在这些冰期中，冰盖和冰川从北极一直向南蔓延，覆盖了北半球的大部分地区，但它们从未接近过热带地区。虽然地球其他大部分地区都被冰雪覆盖，但热带地区依旧温暖宜人。

地球会再次变成雪球吗？一切皆有可能。与巨型陨石的碰撞可能造成极寒天气。不过，现在的太阳比元古宙的太阳要亮6%，发出的光线更强烈，地球接收到的热量也更多。因此，相比于过去，地球不太可能再次变成一个雪球。

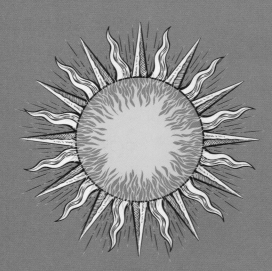

上图：如今的太阳光线比元古宙时期的要明亮

顽强的生命

　　在雪球地球时期，地球几乎变成了一个冰球，生命存活下来似乎是不可能的，但它们确实做到了。包括细菌、藻类和变形虫在内的很多微生物，不知以何种方式成功度过了地球上的寒冬，它们挺了过来，演化成我们今天所熟知的各种各样的生命。

　　这些微生物几乎没有留下任何化石证明自己曾经存在过，但在某些地方，它们附着在岩石和其他物体表面，聚集在一起形成薄膜——有点像牙菌斑。这些薄膜作为化石保存了下来，有些甚至可以追溯到元古宙时期。

　　事实上，一些专家认为，正是地球从极寒天气向温暖气候的转变推动了生物演化，因为微生物不得不通过演化来适应这一环境变化。比如，最初的植物类微生物红藻，其最古老的化石可以追溯到16亿年前，当时第一次雪球地球时期已经结束，天气转暖后，演化出了红藻这种最早的植物。

生命由简单到复杂

　　在很长一段时间里，地球上所有的生物都生活在海洋里或潮湿的海岸上，它们都属于一种被称为"原核生物"的单细胞生物。这些生物像细菌一样简单，它们的细胞只有基本的内部结构。在大约20亿年前的元古宙初期，出现了包括变形虫在内的"原生生物"，这是一种新的生命形式。和原核生物一样，原生生物也是单细胞生物，不过同时也是真核生物，这意味着它们的细胞像所有现代动植物的细胞一样，内部有一个细胞核（细胞的大脑）。

上图：海绵化石，海绵是最早的多细胞生物之一

　　原生生物最早展现了今天生物的复杂性和特殊性。大约7亿年前，成冰纪开始的时候，原生生物演化形成最初的多细胞动物：海绵和水母。这些生物仍然是完全柔软的，但它们由多种不同的细胞组成，每种细胞都有特定的功能。更重要的是，它们成功熬过了地球的寒冷期，拉开了寒武纪生命大爆发的帷幕。寒武纪生命大爆发是生命演化史上的另一个转折点，当时各种各样的生命形式大规模出现。

上图：通过研究类似图中的海绵化石，我们能够了解很多关于多细胞生物演化进程的知识

大氧化事件

在大约24亿年前的元古宙初期，生命演化史上出现了一个重大的转折点。当时空气和海洋中突然充满了氧气——如今几乎所有生物都赖以生存的气体。这多亏了一种叫作"蓝藻"的微生物。如果没有它们，我们人类也不会存在。

大量蓝藻生活在早期海洋的浅滩中。它们像植物一样，通过光合作用从阳光中获取能量，并将空气中的二氧化碳转化为有机物和氧气。蓝藻把制造的有机物作为自身营养物质，而氧气对它们来说没有任何用处，所以被释放到空气中。就这样，数量众多的蓝藻产生了大量的氧气。

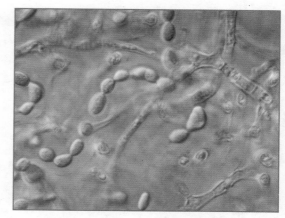

上图：念珠藻，一种蓝藻，今天仍存在于河床和湿土等潮湿的地方

上图：条带状含铁石英岩

然而，早期海洋中也充满了大量铁离子，会和氧气发生化学反应而沉淀，所以很长一段时间，蓝藻释放出的氧气统统被铁消耗，随后沉积在海底，形成了"条带状含铁建造"。但截至约24亿年前，海洋中所有铁都在化学反应中被用光，没有铁消耗氧气，大量的氧气就被释放到大气中，发生了"大氧化事件"。

起初，大气中的氧气可能会除去甲烷。甲烷是一种温室气体，能够吸收地面长波辐射，使早期地球保持温暖。如果氧气的确清除了大气中的甲烷，那很可能就是大氧化事件导致了第一次，也是持续时间最长的雪球地球时期——休伦冰河期。

最古老的化石——叠层石

蓝藻不仅为地球创造了氧气，还可能形成了最古老的化石——叠层石。叠层石是蓝藻群落生成的微生物岩。蓝藻在进行光合作用时，会分泌黏液，将海水中的微生物、矿物颗粒等粘连在一起，形成比萨状的微生物垫。垫中的微生物一层层缓慢生长，新层不断覆盖旧层，形成了叠层石。2016年，发表在《自然》杂志上的研究报告称，科学家在格陵兰岛发现了可以追溯到37亿年前的叠层石，这是目前世界上最古老的化石，这意味着生命在地球形成不久之后就诞生了。

10亿年前，活着的叠层石群落是生命的主导，像之后出现的恐龙一样主宰着地球。但是它们的繁盛也导致了自身的灭亡，因为以蓝藻为主的微生物们不断释放

上图：叠层石，由古老的蓝藻群落层层生成

氧气，制造出的富氧的世界孕育出了大量新物种，它们发现蓝藻非常美味，并以此为食。在寒武纪开始时，叠层石的数量已下降了80%。现在它们只在少数极端的环境中生存，比如，澳大利亚哈梅林池。

寒武纪
（5.4亿～4.85亿年前）

　　到了寒武纪，罗迪尼亚超大陆成为历史，它巨大的陆地完全分裂，形成了一个截然不同的世界。

　　世界被分成两半，几乎所有陆地都聚集在南半球，而北半球则几乎被海洋覆盖。

　　其中，冈瓦纳大陆是当时最大的大陆。这块巨型大陆横跨现在的南极地区，包括了今天的南美洲、非洲、阿拉伯半岛、澳大利亚、印度和南极洲的大部分区域。第二大的劳伦大陆（由现在的北美洲和格陵兰岛组成）也位于赤道以南。

　　随着罗迪尼亚超大陆的分裂，不断漂移的板块之间开启了一场地质战争。海洋板块下沉到大陆板块以下，山脉隆起，冈瓦纳大陆边缘不断有火山爆发。这可以算是地球生命史上最轰轰烈烈的事件，为寒武纪生命大爆发奠定了基础。

寒武纪生命大爆发

上图：寒武纪时期的一种植物

寒武纪期间发生了史上最惊人的生命大爆发。几乎在一夜之间，生物从仅有的几个简单物种增加到成千上万种。几乎所有主要的动物类群都突然出现了，包括脊椎动物，人类就属于脊椎动物。

这场生命大爆发是如此惊人，以至于到目前为止，地质史上所有寒武纪之前的时期都被简单地称为"前寒武纪"。在前寒武纪，只有简单的生命存在了数十亿年，而且几乎没有留下化石，部分原因是当时的生物没有壳或骨骼，很难留下生存过的痕迹。然而从寒武纪开始，生命变得丰富多彩起来，它们留下了无数化石，每个时期的岩石都可以通过它们所包含的这些化石来识别。没人能确切知道是什么引发了这一生物奇迹。可能是因为蓝藻发生光合作用，向空气中释放了大量氧气；也可能是随着气候变暖，海洋淹没了分裂后的大陆边缘，形成广阔的浅滩，为新生命创造了无数栖息地。总之，从这一时期开始，生物的身体结构变得更加复杂，生存方式也更有针对性。

上图：寒武纪鹦鹉螺类化石，内角石类主体标本

上图：寒武纪的海藻，生产氧气供生命茁壮生长

化石的力量

生命大爆发的发现，对地质学家来说是巨大的收获。随着寒武纪的生命大爆发，生命开始迅速演化，新物种不断涌现。每个物种都留下了自己独特的化石，从包含这些化石的岩石中，可以看到持续变化的生命图景。对地质学家来说，化石也是时间标志，因为岩石所包含的化石揭示了它所处的年代。

沉积岩（沙子等沉积物构成的岩石）一层层堆叠在一起，包裹着那个时代生物的遗骸，每块岩石中的化石都是当时存在物种的"快照"。通过鉴定这些岩石中嵌入的化石，我们能大致判断该岩石来自哪个时期。

通过挖掘和研究化石，地质学家对世界如何以及何

上图：岩石变质会改变化石的形状，使其更难研究

时发生变化有了详细的了解。他们甚至能通过化石鉴别出寒武纪的各个不同时期。

然而，这些"快照"并不能完整地反映当时的情况。一方面，只有沉积岩能够保存化石，在寒武纪和之后时期的地质变化中，很多沉积岩都发生变质作用转化为变质岩（比如，砂岩变质形成石英岩），使化石遭到严重的扭曲和损毁。此外，还有一些化石不具备研究价值，因为它们可能只出现在极少数地区，不具有代表性。地质学家寻找的化石不仅要求分布广泛，还要能够体现各个时期显而易见的变化。

上图：鹦鹉螺目动物化石

右图：寒武纪的巨型三叶虫化石

动物生命的早期迹象

上图：三叶虫外壳坚硬，其化石通常能够完好保存

三叶虫是寒武纪出现的众多生物中的一种，也是最著名的已灭绝物种之一。约5.2亿年前，三叶虫首次出现。接下来的2.7亿年间，大约有2万种三叶虫诞生又灭亡，有的存活了数百万年。在2.5亿年前的二叠纪末大灭绝事件（见第42~43页）中，三叶虫最终从地球上完全消失。

三叶虫和今天的昆虫一样，属于节肢动物。我们对三叶虫有着更多的了解，是因为它坚硬的外壳比早期较软生物的躯体更容易形成化石，从而有大量的三叶虫化石保存下来。

人们在寒武纪的化石中首次发现了软体动物，包括鼻涕虫等无壳软体动物，以及蜗牛等有壳软体动物。它们以多种方式生活在海洋中，比如，贻贝和蛤蜊会附着在岩石上，而章鱼和乌贼等生物则在海里自由游弋。

上图：寒武纪开始出现软体动物化石，如图中的章鱼化石

这一时期还诞生了腕足动物和双壳动物。它们都有两片外壳，看起来很像，却属于不同的门类。棘皮动物也是当时的新物种，包括海星及其亲属——海胆、海参等，如今它们都是五辐射对称结构。不过也有一些棘皮动物没能演化出这一结构，如海百合。它长得像植物，但其实是带壳动物，附着在海底，以浮游生物为食。

下图：在寒武纪，海绵、藻类等简单生物组成了珊瑚礁，这是今天海洋中壮丽珊瑚礁的早期祖先

上图：腕足动物化石，和现在的贻贝很像

伯吉斯页岩化石群

上图：在伯吉斯页岩化石群中发现的马尔三叶虫化石

伯吉斯页岩化石群是世界上最著名的化石遗址之一，发现于加拿大的一座国家公园，被联合国教科文组织指定为世界遗产。其内部化石向我们展示了地球上生命发展的一个重要阶段。

大部分动物尸体在成为化石之前，会腐烂或被吃掉，但也有一些能完整保存下来。比如，伯吉斯页岩化石群，以及中国、俄罗斯等地的类似化石群，都是在海底"雪崩"发生时，整个生态系统的生物顷刻间葬身于大量

泥浆中形成的，能够完整保存动物的尸体，让人类可以在5亿年之后进行研究。页岩是一种由微小颗粒组成的柔软岩石，类似固体泥浆，可以保存化石的精微细节。

伯吉斯页岩化石群现在位于美丽但寒冷的加拿大西部，但在它形成的时候，其所在海域可能位于赤道以南。

上图：页岩是保存化石的完美岩石

上图：伯吉斯页岩中的鳃曳虫化石

生命的大家庭

上图：三叶虫，出现在伯吉斯页岩中的一种生物

在动物界，节肢动物的种类最多，今天仍是如此。它们是伯吉斯页岩化石群中化石数量最多的一个门类。页岩中还保存着显示动物脊髓早期发育的化石。可以说，这些化石生物是所有脊椎动物的祖先。

伯吉斯页岩化石群只是寒武纪生命大爆发的其中一个佐证。从伯吉斯页岩化石群和世界其他地方的化石中可以得知，这一时期，游泳动物的捕猎行为和底栖动物的滤食行为已经非常普遍。

伯吉斯页岩中包含各种动物的化石，比如，蠕虫、

水母、腕足动物、节肢动物和脊索动物。现如今，多个博物馆里陈列着成千上万块伯吉斯页岩化石，比如，美国华盛顿特区的史密森尼博物馆。这些化石保存完好，从中甚至能够看到动物们吃的食物，以及它们的肌肉和其他部位是如何连接的。

左图：欧巴宾海蝎，一种早期节肢动物，是已知最早拥有真正复眼的物种

存在争议的两种化石

20世纪60年代，科学家首次对伯吉斯页岩中的化石进行详细研究时，不少化石让他们感到困惑。有些生物是如此奇特，以至当时的科学家认为它们属于已灭绝的罕见动物种类。但现在我们相信，大多数伯吉斯页岩化石都属于已知物种，有些至今仍然存在。

寒武纪时期的两种化石，在动物系统归类上至今仍存在争议。

威瓦西亚虫

第一种是威瓦西亚虫。它利用一排排尖刺和坚硬的鳞状硬片来对抗捕食者。它虽然只有几厘米长，但嘴里有牙齿，可能会在海底捕食路过的猎物。目前还不清楚它和哪些我们熟悉的动物（如软体动物）有亲属关系。

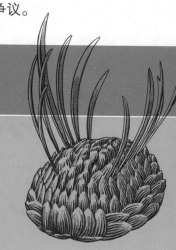

左图：威瓦西亚虫这种外形怪异的无脊椎动物，到底和哪种动物有关，科学家仍然没有定论

怪诞虫

第二种存在争议的是怪诞虫。之所以叫它"怪诞虫"，是因为最初观察它的科学家很难相信自己所看到的：怪诞虫身上长着7对长刺，科学家最初误以为这种动物用这些刺当腿，在海底行走，并通过背上的触手进食，因为每只触手的末端都长着嘴。后来才发现，科学家把它的上下位置弄颠倒了。之前误认为是腿的部分，

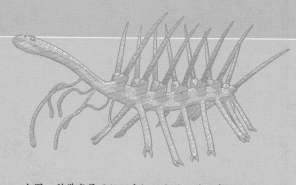

上图：科学家最开始研究怪诞虫时，将观察方向弄反了

其实是有保护作用的尖刺，就像威瓦西亚虫的尖刺那样，而触手才是它们的腿。

怪诞虫是在伯吉斯页岩的化石中发现的，它与其他生物的联系是一个谜。事实上，科学家至今仍在争论这个问题。

上图：伯吉斯页岩，位于加拿大

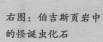

右图：伯吉斯页岩中的怪诞虫化石

泥盆纪
（4.19亿～3.59亿年前）

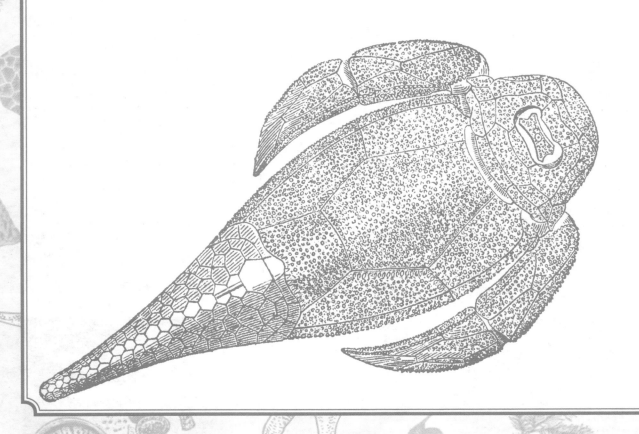

在泥盆纪时期（4.19亿～3.59亿年前），海洋和陆地都出现了生命大爆发。海洋和河流中开始涌现出大量鱼类，陆地上第一次出现了森林，两栖动物兴起。

泥盆纪刚开始的时候，冈瓦纳大陆正在向北漂移，从南极漂向更温暖的地带。劳伦古陆、波罗的大陆和阿瓦隆尼亚大陆（大致是今天的北美东部、北欧、俄罗斯和格陵兰岛的部分地区）合并在一起，沿赤道形成劳亚大陆。

劳亚大陆各部分合并时，碰撞的地方形成了巨型山脉。今天在北美洲的阿巴拉契亚山脉、欧洲的苏格兰和斯堪的纳维亚半岛，仍能看到这些山脉的遗迹。

泥盆纪时期的生命

泥盆纪是生命生长的绝佳时期。当时地球上几乎没有冰，气候温暖湿润，陆地第一次成为生命宜居的地方。

如果从太空中俯瞰这一时期的地球，你会看到地表第一次呈现出绿色。虽然大陆内部还是广袤的沙漠，但在河漫滩和沿海低地，因为有温暖雨水的滋润，植物长得郁郁葱葱。到了泥盆纪晚期，第一批真正意义上的树木（甚至是森林）似乎一夜之间冒了出来。瓦蒂萨树看起来像树蕨（蕨类植物），古羊齿则像松树（裸子植物），这些早期树木通过孢子而不是种子繁殖。到了泥盆纪晚期，石松（见第34页）等演化了的蕨类植物有了根、茎、叶的分化，可以用根从土壤中汲取水分和养分，并能长到30米高。

左图：星木，一种石松类植物，是泥盆纪早期复杂植物的代表

上图：绿藻类植物

右图：瓦蒂萨树是最早的树木之一，通过孢子而非种子繁殖

老红砂岩

在泥盆纪时期，分布在欧洲最典型的岩石非老红砂岩莫属。为什么是"老"的？这是为了区别于1.5亿～2亿年后形成的新红砂岩。叫"红"砂岩，则是由于氧化铁赋予它红色的外表。"泥盆纪（Devonian）"的英文名称就得名于以老红砂岩而闻名的英国德文郡（Devonshire）。

上图：英国德文郡的老红砂岩悬崖

老红砂岩实际上是形成于劳亚大陆时期的加里东山脉的遗迹。几百万年里，加里东山脉暴露在潮湿、多风的环境中，山体不断磨损，在河流冲刷下，砂质碎屑在山脉之间的盆地中层层堆积。其中有些盆地变成了沙漠，你可以在岩层中看到沙丘的遗迹。

陆地上的动物

泥盆纪时期，水位不断上升，森林变成了广阔的沼泽，为四足动物创造了生存环境。四足动物是最早出现的有四条腿的动物，也是最早能在陆地上行走的脊椎动物。它们是所有现代陆生脊椎动物的祖先，也是肉鳍鱼的后代，这种奇怪的鱼类在泥盆纪沼泽地的树根间捕猎。

与大多数现代鱼类脆弱的鱼鳍不同，肉鳍鱼的鱼鳍里有一个中轴骨，因此更坚实有力。有了这种鱼鳍，即使在水浅得不足以覆盖其身体的沼泽里，肉鳍鱼也能缓慢行进，更不用说在水下游泳了。此外，普通鱼只有鱼鳃，只能在水下呼吸，而肉鳍鱼还长着肺，因此还能用肺呼吸。

渐渐地，一些肉鳍鱼开始在岸上生活，鱼鳍逐渐演化成腿的样子。后来，有些肉鳍鱼长出了像手指和脚趾一样的结构，这使它们能更好地抓住泥土，向前猛扑。最后，一些长出腿的肉鳍鱼在追逐猎物时，开始爬出沼泽。很快，这些胆大的肉鳍鱼就演化成了四足动物。

下图：肉鳍鱼是四足动物的祖先

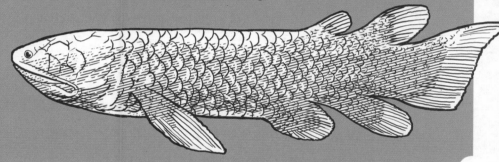

虫子

上图：蝎子

虫子们是最早在陆地上生存下来的动物。从蜈蚣到千足虫，从蜘蛛到蝎子，以及数不清的昆虫……泥盆纪的森林中遍布着各种虫子。它们在泥地里穿梭，在树叶上爬来爬去，在树干上爬上爬下，一刻不停，使泥盆纪森林中充满了持续的嗡嗡声。大约在泥盆纪中期，昆虫学会了飞行。

提塔利克鱼

2004年，研究人员在加拿大努纳武特地区，发现了来自3.75亿年前的"鱼"形化石，其完整程度令人惊讶。这一古生物被命名为"提塔利克鱼"，该名称取自当地的因纽特语。其中一位发现者称它为"鱼足动物"，因为它一半像鱼，一半像四足动物。一些专家认为，提塔利克鱼就是鱼类和早期四足动物之间的过渡物种。

像肉鳍鱼一样，提塔利克鱼是泥盆纪沼泽地中的杀手，它们身体肌肉发达，颌骨可以张开。在阴暗的水中它们悄无声息，一动不动地潜伏在盘根错节的树根间……突然，它们摆动强有力的尾巴，向前猛冲，用锋利的牙齿一口咬住毫无戒备的猎物。

鱼类时代

泥盆纪通常也被称为"鱼类时代"。这一时期，鱼类成为海洋和河流的统治者。鱼的祖先最早出现在寒武纪，到了泥盆纪，鱼的数量和种类爆炸式增长，甚至有些种类体形巨大！

上图：鳐鱼的骨骼为软骨而非硬骨，十分灵活，它们的演化晚于其近亲鲨鱼

泥盆纪早期的大部分鱼类都属于无颌动物，也就是只有牙齿，没有颌骨。今天，幸存下来的无颌动物只剩下寄生性的七鳃鳗和盲鳗，前者用长满锋利牙齿的圆口吸附在其他鱼身上，取食鱼肉；后者则钻入其他鱼的腮部，吞食内脏。早在寒武纪时期，一些早期无颌动物的头部就已经演化出了骨板，保护自己免遭海蝎的伤害。人们认为这些微小的变化就是骨头演化的开端。

泥盆纪时期，很多鱼类都演化出了骨头和骨骼，这意味着它们中大多数有了颌骨，可以更加有力地咬合。泥盆纪的海洋生物很快被盾皮鱼吓坏了。这种鱼类头部和颈部长着坚硬的"甲胄"——骨板，有的身长可达10米，是当时史上最大的动物。更有一种大型盾皮鱼——邓氏鱼，它们上下颌都武装着刀片状的锋利骨板，用来切割猎物。盾皮鱼捕食无颌动物，无颌动物很快濒临灭绝。不过，盾皮鱼虽有"甲胄"在身，但这身装备过于笨重，导致它们在泥盆纪晚期几近灭绝。盾皮鱼退场后，水域成了鲨鱼、鳐鱼等更加灵活的软骨鱼，以及长有鳞片而非骨板的硬骨鱼的天下。就这样，首次出现于4.2亿年前的硬骨鱼，成了几乎所有脊椎动物（包括人类）的祖先。硬骨鱼分为辐鳍鱼和肉鳍鱼，辐鳍鱼主宰着今天的海洋和河流，而肉鳍鱼则演化成四足动物和主要的陆生动物。

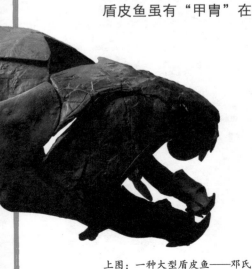

上图：一种大型盾皮鱼——邓氏鱼的头骨

上图：到了泥盆纪，鲨鱼变得更为常见

上图：泥盆纪时期的邓氏鱼

辐鳍鱼

今天99%的鱼类都是辐鳍鱼，它们被归类为辐鳍鱼纲动物，拥有灵活的扇状鱼鳍。辐鳍鱼很可能首次出现于4.2亿年前的志留纪，但目前已知最早的大批辐鳍鱼化石来自稍晚的泥盆纪。泥盆纪最有名的辐鳍鱼是鳕鳞鱼，它身长约55厘米，在河流和湖泊中捕猎。泥盆纪时期，辐鳍鱼的种类不像现在这么多，不过有一种属于古鳕亚目的辐鳍鱼数量很多。

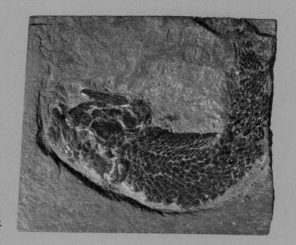

右图：鳕鳞鱼化石最早发现于苏格兰

海百合

潜入泥盆纪的热带蓝色深海，你很可能会看到一个"花园"，花园里像是长满了五彩缤纷的百合，它们随着水流懒洋洋地漂来漂去。然而"花园"里的根本不是植物，而是一种今天叫作"海百合"的海底动物，与海胆有着密切的联系。成群的海百合在海底肩并肩地站立，就形成了"花园"景观。

海百合的"花朵"其实是它们的嘴，边缘长着许多腕，这些腕能够捕捉水中的浮游生物并喂进嘴里。所谓的"茎"则是长长的尾巴，把它们拴在海底，以免被水流冲走。海百合是世上最成功的生物之一，至今仍生活在温暖的水域中！只不过数量已经远远少于4亿年前。

左图和右图：左图为泥盆纪时期的海百合化石，右图为现代印度尼西亚珊瑚礁中的海百合，两种海百合几乎完全相同

石炭纪
（3.59亿~2.99亿年前）

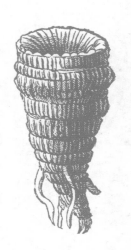

在石炭纪，生命如雨后春笋般不断涌现。大片土地被温暖潮湿的沼泽覆盖，沼泽中的植物以惊人的速度生长，昆虫也体形巨大，就像科幻电影里的一样大。

这些潮湿的沼泽大多分布在劳亚大陆上。该大陆位于赤道附近，包括今天北美洲、欧洲和俄罗斯的大部分地区，温度较高。位于南部的冈瓦纳大陆则要冷得多，它的南部被冰层覆盖。

在石炭纪刚开始的时候，劳亚大陆和冈瓦纳大陆被古特提斯洋分开，但到了石炭纪晚期，二者聚合，把古特提斯洋挤到一边，并在汇合处隆起高山。这些高山就是今天的德国黑林山和哈茨山、美国阿巴拉契亚山脉和沃希托山脉。

世界上各陆块开始合并，形成一块巨型超大陆——盘古大陆。

石炭纪的森林

上图：石炭纪时期，植被数量众多

之所以把3.59亿年前到2.99亿年前的这段时间叫作"石炭纪"，是因为这一时期留下的煤量惊人。"石炭纪"的英文 Carboniferous 来源于拉丁语 *carbō*（煤）和 *ferō*（包含）的组合，意思是"含煤的"。煤是木本植物的残骸在数亿年间经过挤压变成黑炭之后形成的。在地球历史上，石炭纪是植被数量最丰富的时期，期间形成大量的煤，为人类数百年来的工业发展提供了燃料。

上图：煤块

这些煤大部分是由劳亚大陆上沼泽森林中的植被形成的，那里有生命生长的绝佳条件，比如，温暖的气候、氧气丰富的空气以及缺少竞争的环境。今天体形较小的动植物，在那一时期的沼泽地区也能长得很大。

巨型动植物

上图：在石炭纪石松类植物长得和树一样高

别看现代石松类植物十分矮小，但在石炭纪时期，它的祖先却能够像棕榈树一样，长得又高又直。它们有着油绿色、表面粗糙的茎，在沼泽地中铺天盖地地生长。在这些石松之间，还耸立着其他蕨类植物，同样高大得惊人，像极了一根根有生命的电线杆。它们的茎如竹子般粗壮，表面光滑，遍布棱纹，但叶子却十分纤细，呈羽毛状。树荫之下，小型石松类和其他蕨类植物构成的灌木丛无比繁茂，密密层层，一眼望不到头。还有一种叫鹿角蕨的小型植物，顾名思义，它们长相奇特，

酷似鹿角，却没有叶子。

同一时期的虫子体形也很大，当时的千足虫粗得像树干，蜻蜓有海鸥那么大，蝎子有龙虾那么大。一些飞虫直接将大气中的氧气吸入身体，石炭纪大气中的含氧量比现在多了近一半，有利于这些虫子的生长。

左图：石炭纪森林中的蜻蜓体形巨大

煤层

煤是能燃烧起来的岩石。它是由数亿年前，特别是石炭纪时埋于地下的植物残骸形成的。植物残骸被埋得越深、越久，形成煤的数量就越多，颜色也越深。

石炭纪时期，大量死去的植物沉积在沼泽底部。它们腐烂的速度缓慢，因为木材中含有较多关乎木质坚硬程度的木质素，当时的细菌还未演化到以它为食。

数千年间，旧的植物残骸不断被新的覆盖，渐渐腐烂成一种叫作"泥炭"的黑色紧密物质，然后开始炭化。

泥炭被埋得越来越深，压力挤出其中的水分，浓缩碳成分，使它形成一种柔软、棕黑色的沉积煤——褐煤。

在3亿年前到1亿年前的这段时期，褐煤变成了更硬的沥青煤，这种煤燃烧得很快，会冒浓烟。它们深埋于地下，最终会变成乌黑发亮的无烟煤。无烟煤燃烧速度慢，是非常高效的燃料。随着时间的积累，煤最终被挤压成煤层。煤层厚度不一，最薄的有几厘米，最厚可达数百米。

右图：一片沼泽地。死去的植被堆积在这里，经过几百万年，形成煤层

四足动物

四足动物是一种长着四条腿的两栖动物，泥盆纪时期，其祖先开始从水中来到陆地生活。它们住在沼泽附近，回到水里产卵。卵像果冻一样软软的，还很脆弱。同时，它们的捕食范围越来越远，不再满足于附近浅滩里的小鱼小虾，还会搜捕周围陆地上的小型猎物。可以说，这些四足动物的生活方式与今天的两栖动物（比如，蝾螈）很像，只不过它们没有天敌，而且体形更大。

在水中，这些四足动物像短吻鳄一样行动敏捷，但在陆地上却爬行得缓慢且笨拙。当它们发出粗重的呼吸声穿过灌木丛时，沿途的植物会被折断，吓得周围所有的小型林地动物迅速逃离，找地方躲避。

作为沼泽地的霸主，四足动物很快就演化出了外形不同、体形各异的种类。比如，体形很小，和蝾螈差不多大的壳椎亚纲动物，以及可以长到和鳄鱼一样大的离椎亚目动物。

左图：二齿兽，一种四足动物

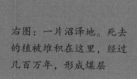

右图：林蜥，一种早期爬行动物

爬行动物的诞生

四足动物最初在水中产卵，但后来很多四足动物都演化出了更厚的鳞状皮肤，使得它们可以冒险远离水体，但不能完全摆脱对水的依赖。在石炭纪晚期，诞生了一种新的四足动物——爬行动物。它们演化出"羊膜卵"这种繁殖结构，外层的膜能保存水分，使内里的胚胎保持湿润，还能透气，自此它们可以完全在陆地上生活并产卵。在北美洲的石炭纪晚期沉积岩中，人们发现了已知最早的爬行动物——林蜥和古窗龙的化石。

下图：林蜥化石

超大型海洋

当各大陆合并形成巨型超大陆——盘古大陆时，曾经将各大陆隔开的海洋也不见了。当然，海水并没有消失，它们只是被推挤到盘古大陆的海岸之外，形成一个环绕超大陆的、巨大的单一海洋。

这片海洋浩瀚无边，被地质学家称为"泛大洋"。盘古大陆占据的地表面积不到30%，剩下超过70%的面积都被泛大洋覆盖。所以这片海域比两个太平洋（目前世界上最大的海洋）加起来还要大。从一侧看地球，它完全是湛蓝的海洋，几乎没有陆地。如果从盘古大陆西海岸驾船航行，要经过约3万千米的海上旅程，才能到达盘古大陆东海岸，几乎环游了大半个地球。

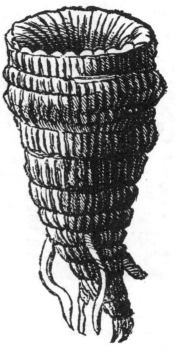

上图：腕足动物的壳化石

关于泛大洋，我们知道什么？

地质学家面临的一个难题是，几乎没有任何直接证据能表明泛大洋的全貌。大部分大陆地壳存在了数十亿年，即使各大陆一直分分合合，它们仍然保持着自己的基本形状。每个陆块都有一个基本核心叫作"克拉通"（craton），即古陆核，是从地球历史早期保存下来的古老岩石。许多大陆地壳的岩石留存至今，从中我们能够得到很多关于大陆地壳的信息。相比之下，大洋地壳在不断更新。在洋底，大洋中脊的火山口不断涌出岩浆，冷却后形成新的洋壳，不断将大洋中脊两边已有的洋壳向外挤。就这样，洋底成了一条不断移动的传送带。洋壳不断向外扩张，最终在与大陆板块的交界处，被推挤下沉或"俯冲"至地幔，因熔融而消亡。

上图和下图：
腕足动物的壳
化石

从地质学上看，现代大洋地壳的年龄一般不超过2亿岁，比大陆地壳要年轻得多。由此可知，早期泛大洋的洋壳已经完全损毁了。因此，地质学家对这片大洋知之甚少。

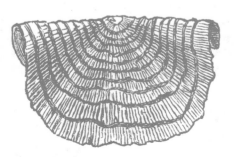

上图：腕足动物的壳化石

海洋生物

专家从来自泛大洋海岸边的化石中找到了生命存活的证据。在石炭纪时期，泛大洋海岸是腕足动物的家园。这种长着两枚壳瓣的动物数量在当时处于巅峰时期，至今依然存在，只不过数量比较少。同一片水域中还生活着介形类甲壳动物，它们也长着两片外壳。石炭纪时期，它们离开海洋，开始栖居在介于淡水和海水之间的微咸水中。

上图：一个介形类甲壳动物

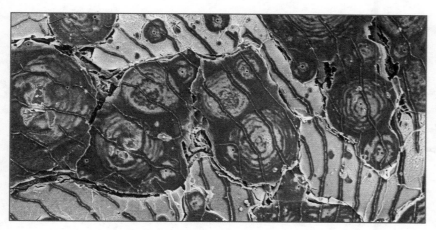

上图：一些介形类甲壳动物的化石

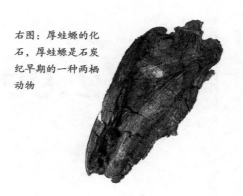

右图：厚蛙螈的化石，厚蛙螈是石炭纪早期的一种两栖动物

向陆地进军

石炭纪的海平面时升时降，这种不断变化的环境为那些生活在浅海水域、海水干涸时也不会死亡的海洋生物创造了生存空间。

到石炭纪晚期，第一批陆栖动物的后代演化出更加复杂的身体结构。与早期的四足动物不同，它们长着五根脚趾，至今我们人类还保持着这种身体构造。此外，它们的头部和身体看上去也更接近现代动物。

以引螈为例，它身长可达3米，满嘴都是尖利的牙齿，看上去很吓人。然而，由于骨骼沉重，它们在陆地上行进得十分缓慢，因此引螈待在水里的时间更长，以鱼类、陆栖动物和其他两栖动物为食。

下图：引螈，一种早期的两栖动物

上图：石炭纪时期，浅海水域是许多动物的家园

二叠纪
（2.99亿~2.52亿年前）

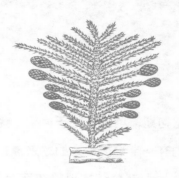

　　2.52亿年前的二叠纪晚期，是地球历史上一个重要的转折点。这一时期，地球迎来了巨变，这一时期也是古生代（生命发展早期）和中生代（生命发展中期）的分界线。

　　在整个二叠纪，世界各个陆块不断向盘古大陆靠近并与之拼合。截至2.52亿年前，盘古大陆成为有史以来最大的超大陆，被泛大洋紧紧包围。泛大洋浩瀚无边，连太平洋都相形见绌。这一时期的生物种类也比以往任何时候都更加丰富。

　　不久之后，盘古大陆就会开始分裂，但在此之前，地球上的生命经历了史上最严重的灾难——生物大灭绝。

超级沙漠

上图：阿根廷胡胡伊省的盐漠

二叠纪初期，地球仍处于冰期。盘古大陆上非常寒冷，约有一半都被巨大的冰盖覆盖，它南端的冈瓦纳大陆的大部分都被覆盖在巨大的冰盖之下。渐渐地，气候变得温和，盘古大陆也开始向北移动并到达热带地区，气温随之升高。

左图：岩盐

超大陆的形成对世界气候产生了巨大的影响。首先，它改变了洋流流向，使气候模式发生变化。其次，各大陆碰撞之处高山隆起，阻挡了带来雨水的气流。另外，盘古大陆面积过于辽阔，这样一来，远离海洋的陆地的气候就会变得干燥炎热。

原本是热带雨林的地区变成了酷热的沙漠，面积比如今的撒哈拉沙漠还要大。很多沙漠中遍布岩石，也有一些沙漠的大片沙海被狂风吹起，堆成巨大的沙丘。如今，我们在新红砂岩中仍能看到二叠纪沙海的迹象，也可以经常在这些地层中看到大型沙丘的形状。在其他地方，陆块聚合时，大片海洋要么变成内陆海，要么变成与外海隔绝的浅潟（xì）湖。随着温度升高，内陆海水不断蒸发，蒸发规模之大难以想象，但却留下了大面积的盐层，我们今天用的大部分盐都来源于此。美国堪萨斯州和得克萨斯州著名的盐层厚达几百米，绵延数百千米。人们通常向盐层中注入水蒸气来溶解这些沉积物，然后用泵将其输送到地面。

下图：大型沙丘

四足动物的演化

大约3.9亿年前，四足动物初次在陆地上爬行，它们是今天大中型陆生动物（包括人类）的祖先。它们无疑是石炭纪沼泽中的统治者，有些四足动物甚至和鳄鱼一般大。在石炭纪晚期，一些四足动物已经很好地适应了陆地生活，甚至能在陆上产卵。到了二叠纪，当地面温度升高、沼泽干涸时，能在陆地上产卵就成了四足动物生存的关键。

在二叠纪，这些产卵的四足动物分成两支：一支是爬行动物，是所有恐龙、鸟类和今天爬行动物的祖先；另一支是合弓纲动物，是所有哺乳动物（包括人类）的祖先。不过，合弓纲动物和爬行动物外形相似。比如，异齿龙是著名的合弓纲动物，却经常被认作是爬行动物棘龙（一种大型兽脚类恐龙）。这两种动物长得很像，背上都有同样巨大的船帆状的组织——既能吸收太阳热量，又是一个降温系统，但它们毫无关联。实际上，棘龙在2亿年后才出现。

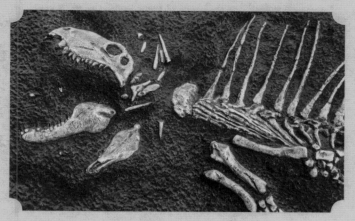

上图：二叠纪时期，合弓纲动物的化石

二叠纪晚期，部分合弓纲动物的腿部出现了一个细微但十分关键的变化，变化后的它们被称为"兽孔目动物"。鳄鱼等爬行动物的四肢向两侧伸展，所以爬起来摇摇晃晃，但兽孔目动物的四肢却直立向下生长，这种身体结构对它们的哺乳动物后代演化出奔跑、跳跃技能至关重要。

上图：异齿龙不是恐龙，它们的"背帆"结构十分有名

生物大灭绝

  二叠纪末生物大灭绝就是地质学家所说的，导致二叠纪终结的大灾难。令人震惊的是，当时几乎95%的物种都从地球上消失了。海洋生物可以说遭遇了灭顶之灾。珊瑚礁、鱼类、水母、三叶虫、浮游生物和许多其他海洋生物群体几乎完全消失，只有少数勉强存活下来。陆生动物也大量死亡，许多主要物种，比如，长着尖牙的丽齿兽亚目动物和它们的猎物——恐头兽亚目动物和巨颊龙，都永远消失了。同时，这也是昆虫经历的唯一的大灭绝事件。

  在这场"二叠纪—三叠纪灭绝事件"之后，地球上一片寂静。虽然地球经历过多次生命大灭绝，包括白垩纪末大灭绝，但这次是最为惨烈的一次。人们一度怀疑，那段时期地球上是否还有生命幸存。

  关于这场大灭绝，地质学家们争论不休。有人说，这次灭绝贯穿了二叠纪最后的1500万年，当时火山频发，生存条件极其恶劣，地球上的生命无疑经历了一段异常艰难的时期。还有一些人说，这次灭绝只持续了不到20万年的时间，大部分生命的死亡都发生在短短的2万年内。也有人认为，也许在整个二叠纪时期，发生了不止一次灭绝高峰，而是好几次。

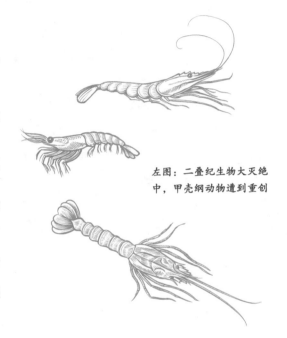

左图：二叠纪生物大灭绝中，甲壳纲动物遭到重创

下图：缓龙属动物

左图：四射珊瑚、横板珊瑚完全灭绝

究竟哪里出了错？

长期以来，科学家们一直很困惑这一时期为什么会发生大灭绝。他们不断研究，提出了很多不同的理论。

有的科学家倾向于把它归结为一场大灾难，比如，大型陨石撞击地球。陨石撞击带来的冲击将大量的地面碎石抛到大气层中，以至于太阳光被完全遮挡，世界陷入无边的黑暗和寒冷。但是截至目前，还没人找到那个时期陨石撞击地球形成的陨石坑，就像研究恐龙大灭绝时发现的陨石坑一样。

也有科学家认为，造成大灭绝的罪魁祸首，可能是西伯利亚地区剧烈的火山喷发。当时西伯利亚的确发生了大型火山喷发，汹涌的熔岩不是从火山锥中迸发，而是从地壳巨大的裂缝中溢流而出。这些熔岩冷却凝固后形成广阔的高原，覆盖了西伯利亚的大部分地区。火山气体可能会把雨水变成酸雨，同时使大气中充满二氧化碳，加剧温室效应，使地球变暖。随着海水温度升高，水中的溶解氧变少，泛大洋内部氧气流失。高温缺氧的环境导致海里大量动植物死亡，这些腐烂的尸体又吸收了少量仅有的溶解氧，使海洋变得不宜生存。此外，火山喷发排放的大量氯化氢气体溶于海水后，会生成盐酸。

第三种重要的理论称，当时海洋中产甲烷菌的数量呈爆炸式增长，产生了大量的甲烷气体。如果海洋中容

上图：从地表裂缝中喷涌出的大量熔岩

纳不了这么多的甲烷气体，它们就会进入空气中，形成失控的温室效应，导致生态系统发生了巨大的变化。

此外，还有很多科学家认为，此次生命大灭绝与大灾难无关。大灭绝可能是缓慢发生的，几乎无法察觉。也许只是因为洋流变化，氧气耗竭，以及在盘古大陆各部分缓缓合并时，气候模式发生变化等，造成了生物毁灭。如果真是这样，那么人类可能还将面临另一场灾难，因为今天的各大陆正在逐渐聚集。幸运的是，类似的灾难在未来的2.5亿年间不太可能发生。不过，陨石撞击地球倒是随时都有可能发生。

大灭绝之后发生了什么？

上图：螃蟹化石

据我们所知，在二叠纪生物大灭绝后，又过了500万～1000万年，生命和复杂的生物链才重新开始发展。和其他大灭绝相比，这次灾难的恢复期要长得多，也再次证明了此次大灭绝是多么严重。之所以出现这种情况，部分原因可能是，新的火山活动不断向大气中排放二氧化碳和其他化学物质，使海洋很难吸收氧气，陆地上的生物多样性也难以恢复。当生命重新复苏时，新的生命形式不断涌现，比如，现今螃蟹、龙虾和海洋爬行动物的祖先等，它们都是其中的赢家。

下图：海蜥蜴，也就是海鬣蜥

侏罗纪早期
（2亿～1.5亿年前）

　　盘古大陆在超过1亿年的时间里，一直是地球上最大的大陆，但在约2亿年前，也就是侏罗纪初期开始分裂。

　　侏罗纪时期，盘古大陆的地面出现了巨大的裂缝。

　　火山从地下爆发，迫使盘古大陆的大型陆块向相反的方向移动，将盘古大陆撕裂。最大的裂缝几乎将它沿东西方向一分为二，形成两块新的巨型大陆——北部的劳亚大陆和南部的冈瓦纳大陆。在这些巨型大陆之间，沿赤道形成了一片新的海洋——新特提斯洋。世界的面貌焕然一新，正是在这一时期，恐龙家族逐渐繁盛。

侏罗纪天堂

上图：喙嘴龙，一种翼龙，是大灭绝的幸存者

侏罗纪初期的生存条件异常艰苦。地球可能遭到了陨石撞击，或者剧烈的火山喷发向大气中排放了大量的温室气体，造成全球变暖。无论发生了什么，它都引发了一场惨烈的生物大灭绝，消灭了大部分海洋生物和几乎所有在三叠纪时期统治过这块陆地的霸主古蜥，只有翼龙和一些兽孔目动物存活了下来。

盘古大陆的分裂，使侏罗纪时期的世界变成了大灭绝中幸存者的天堂。没了大陆板块的阻挡，新特提斯洋向外开放，让热带洋流把温暖带到世界各地，内陆距海洋也不再遥远。天气变暖后，规律的降雨滋润了干旱的大地，就连极地的冰盖也消失了。很快，繁茂潮湿的热带森林在曾是沙漠的地方扩展开来。这一切都为巨大的爬行动物——恐龙创造了完美的生存环境。

与此同时，随着盘古大陆的解体，大量海水涌入地表裂缝，形成新的浅海。海床上山脉隆起，将海水推向低地海岸。这些新的海洋和浅滩气候温暖、光线充足，海洋生物蓬勃发展、种类繁多。可以想见，那景象一定十分壮观。

上图：亚利桑那龙，一种古蜥

上图：翼指龙，一种翼龙

下图：包括珊瑚在内的海底生物

苏铁森林

侏罗纪时期，陆地上生长着广袤的热带和亚热带森林，但森林中的植物和我们今天看到的大不一样。当时不太可能存在任何一种现在为人熟知的开花植物（最早出现在白垩纪），而是充满大型蕨类植物和裸子植物。

苏铁看起来很像棕榈树，但其实和银杏树、针叶树一样，都属于裸子植物，而棕榈树与所有其他开花植物都属于被子植物。"裸子"的意思是"裸露的种子"，裸子植物的种子就直接长在球果中和叶子上，处于裸露状态。而被子植物则能够开花结果，种子被果皮包裹。

侏罗纪时期遍布着裸子植物林。如今，针叶树仍然广泛分布，但野生苏铁和野生银杏树的数量却极其稀少，它们都是古老时代的幸存者。

右图：侏罗纪时期生长在海边的树木

恐龙成为霸主

侏罗纪时期的恐龙，体形大得惊人。蜥脚类恐龙是有史以来最大的陆生动物，其中的腕龙身高超过16米，尾巴很长，从头到尾长约26米；梁龙身长超过27米。虽然在白垩纪晚期，出现了体形更大的蜥脚类恐龙——泰坦龙，但侏罗纪时期的蜥脚类恐龙已经可以称得上是巨龙了。侏罗纪时期的植被繁密茂盛，是蜥脚类恐龙的"盛宴"。这些高大笨重的"素食主义者"巨大的身体和超长的脖颈，能帮助它们吃到高处最新鲜的植物。

上图：腕龙

有一段时期，素食恐龙统治着世界，庞大的体形使它们免遭捕食者的攻击。然而到了侏罗纪晚期，像异特龙这种大型的"侵略屠杀者"，开始给周围的动物带来威胁。异特龙用两条腿行走，有着极其锋利的牙齿，体形比之后出现的著名的霸王龙更小，但速度更快，也同样可怕。几乎可以肯定，异特龙能轻松地把幼年蜥脚类恐龙变成盘中餐，也能捕食装甲剑龙这类身形较小的恐龙。

左图：异特龙，侏罗纪晚期的统治者

海洋生物

下图：利兹鱼在侏罗纪海洋中生生不息

恐龙是侏罗纪时期备受瞩目的"明星"，但在某些方面，同时期的海洋生物更让人大开眼界，因为广阔温暖的浅滩孕育出了更丰富多样的海洋生物。侏罗纪的海洋被海洋巨兽统治，包括上龙、鱼龙等大型爬行类捕食者和有史以来最大的硬骨鱼——利兹鱼，这种鱼身长可达 16.5 米。然而，在某些方面，更小、更低等海洋生物的繁衍生息更让人刮目相看。

菊石就是其中之一。这种类似鱿鱼的软体动物，带着美丽的螺旋状外壳，在海水中漂流。正是它们的外壳形成了侏罗纪岩层中最独特、最常见的化石。虽然只有一种菊石在二叠纪—三叠纪大灭绝中幸存下来，但它们在温暖的侏罗纪海洋中迅速繁衍，并演化出了多种新的形态。

上图：菊石化石

另一种是更小的微型浮游生物。浮游生物处于食物链底端，它们的繁荣是其他海洋生物生存的基础，现在仍然如此。在温暖的侏罗纪海域，新的浮游生物群繁荣发展，包括鞭毛藻、颗石藻、有孔虫，甚至可能还有硅藻。这些浮游生物的数量如此繁多，以至于改变了海洋的化学成分，比如，颗石藻和有孔虫微小的骨骼在深海中形成了大量的碳酸盐沉积物。如今，微型浮游生物仍然存在于海洋中。

上图：浮游生物有孔虫

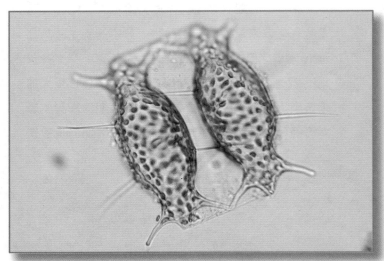

上图：浮游生物鞭毛藻

侏罗纪的鱼类

侏罗纪早期的大型海洋生物中，除了鱼龙和蛇颈龙等爬行动物，还有大型鱼类。事实上，现代硬骨鱼正是在这一时期繁荣发展。与鳐鱼和虹鱼等鱼类不同，硬骨鱼的身体是由骨头支撑，而不是软骨。这意味着它们可以长成不同的形状和大小，并拥有强壮的颌骨。正因如此，在侏罗纪的海洋中，一些硬骨鱼能成为顶级捕食者——爬行动物的竞争对手。

左图：鱼龙和蛇颈龙

右图：侏罗纪时期鱼类数量繁多，它们的化石保留到了今天

海底鱼龙

上图：鱼龙化石

早在1811年，化石收集者玛丽·安宁就在英国多塞特郡的侏罗纪悬崖上，发现了一块大型海洋动物的化石——鱼龙化石，这是地球上曾存在大型生物的第一个明确的证据。这一发现意义重大，尽管玛丽当时并没有因此得到赞誉。

鱼龙的身体呈流线型，嘴巴尖利，长得像现代的海豚，但其实它们是爬行动物而非哺乳动物，而且是凶残的捕猎者。鱼龙可长达15米，眼睛很大，能够潜入深海，在黑暗中也能看清周围的环境。科学家曾以为鱼龙是在陆地产卵的卵生动物，直到后来发现了一具体内有幼崽的母鱼龙化石，才知道鱼龙是卵胎生动物。也就是说，它们的卵是在母体内孵化，直到发育成新的个体后，才会产到水里。

上图：鱼龙是巨大的海洋爬行动物，世界各地的博物馆中都陈列着大量的鱼龙化石

侏罗纪晚期
（1.5亿~1.45亿年前）

　　在侏罗纪晚期，曾经的巨型超大陆——盘古大陆分离后的陆块上，生活着史上最大的陆生动物——恐龙。恐龙在这一时期达到巅峰，这些强大的爬行动物在每一块大陆上都随处可见。

　　全球大陆版图像一块巨大的马蹄铁，北部为欧亚大陆，南部为冈瓦纳大陆，将新特提斯洋围在中间。在马蹄铁的顶端，北美洲正渐渐从冈瓦纳大陆分离，裂缝处海水涌入，形成大西洋的雏形。北美洲和冈瓦纳大陆的西部（后来成为南美洲的西海岸）都在向西移动。在移动过程中，它们遇到了太平洋洋壳，发生碰撞。洋陆板块碰撞的地方隆起一排山脉，几乎连通两极，这些山脉最终成为今天的落基山脉和安第斯山脉。

侏罗纪晚期的生命

上图：腕足动物的化石

我们对侏罗纪的生命，或者更确切地说，对侏罗纪温暖海洋中的生命了解颇多，因为这一时期海洋中的岩石中富含化石。其中属恐龙化石最引人注目，可惜十分稀少。不过，当时的小型海洋生物留下了很多遗迹，根据这些化石，地质学家又对侏罗纪按年代进行了划分。

侏罗纪的气候非常温暖，可能是因为板块碰撞形成安第斯山脉和落基山脉时，引起火山喷发，造成了温室效应。这一时期极地冰盖消失，内陆分布着沙漠，大陆周围广阔的浅水区域温和宜人。难怪当时的众多海洋生物，比如珊瑚，都能茁壮成长。

上图：鹦鹉螺

上图：菊石化石

不起眼的菊石，是侏罗纪海洋中发展最繁荣的生物之一。虽然菊石和鱿鱼有亲属关系，但它看起来更像鱿鱼的现代远亲——鹦鹉螺，二者拥有相似的螺旋状外壳。鹦鹉螺大多生活在珊瑚礁周围的热带水域，因此菊石很可能也生活在类似的环境中。

侏罗纪时期形成了哪些岩石？

上图：塞浦路斯的特罗多斯蛇绿岩中的蛇纹岩

在世界各地，侏罗纪时期形成的厚厚的石灰岩、页岩和其他海相沉积物都十分有名，例如，位于法国和瑞士交界的侏罗山，以及英国南部的侏罗纪海岸。在美国的加利福尼亚州，火山活动形成了很厚的熔岩沉积物，包括玄武岩。其中有一些是水下的岩浆喷发形成的枕状熔岩（炽热的岩浆接触水后迅速冷却而成）。在非洲和南极洲，分布着大量这一时期形成的火山岩，比如，非洲南部著名的卡鲁地层。板块运动过程中，有时会发生"仰冲"现象，即洋壳板块上冲到大陆地壳上方。这一过程会形成蛇绿岩，包括熔岩和在地下深处形成的岩浆岩，以及存在于上地幔的橄榄岩等。

左图：枕状熔岩

石油和煤

化石爱好者希望在侏罗纪岩石中找到恐龙化石，但对石油产业来说，侏罗纪岩石更多地意味着金钱。在侏罗纪时期的海洋中，从欧洲北海到墨西哥湾到处都是厚厚的沉积物层。随着时间的推移，这些沉积物中含有的生物残骸形成了丰富的石油和天然气。另外，在非洲和南极洲，也分布着大片侏罗纪森林形成的厚煤层。

上图：煤是我们今天主要的燃料之一

植物

上图：侏罗纪植物的化石

随着气候更加温暖湿润，侏罗纪时期的植被长得郁郁葱葱，为大型食草恐龙提供了丰富的食物。

当时并没有我们今天所熟知的开花植物，但在较温和的地带，长有很多类似棕榈树的苏铁和本内苏铁目植物。针叶树也很常见，比如，南洋杉和松，以及现存的红杉、柏木、松和紫杉等的近亲。实际上，几乎所有的现代针叶树都在侏罗纪时期出现了。在这些针叶树之间，仍生长着茂盛的蕨类植物，不过三叠纪冈瓦纳大陆上独特的种子蕨植物舌羊齿早已灭绝。

地球北部地区比较寒冷，覆盖着银杏林和本内苏铁目植物林。而在南部，罗汉松（一种针叶树）随处可见，同时，树林中生活着一些早期哺乳动物，它们的体形较小，不比老鼠大。

上图：苏铁树

海洋巨兽

当时爬行动物处于食物链顶端，包括长颈、桨状鳍的蛇颈龙和外形像鱼的鱼龙，此外还有巨大的海鳄、鲨鱼和大型利兹鱼。利兹鱼可能是史上最大的鱼，身长可达16.5米。

蛇颈龙可能是有史以来最独特的海洋生物，它脖子很长，身形巨大。每当提起苏格兰著名且神秘的尼斯湖水怪时，每个人脑海中都会浮现出蛇颈龙的样子。

还有一些巨兽，比如，长达6米的滑齿龙，长有四只巨大的鳍状肢。专家曾认为这些鳍状肢主要是用来划水前行的，但现在他们认为，这些鳍状肢会在滑齿龙突袭猎物时，提供很大的加速度。与卵胎生动物鱼龙不同，滑齿龙是像海龟那样的卵生动物，在陆地上产卵。刚孵

化出来的滑齿龙幼崽很脆弱，在慢慢爬向海洋的过程中，很容易受到捕食者的攻击。

上龙是蛇颈龙的近亲，相比之下，前者的脖子更短，头和颌骨更大。

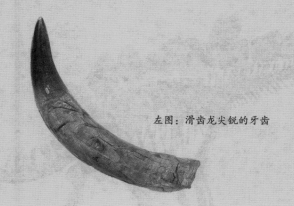

左图：滑齿龙尖锐的牙齿

恐龙

恐龙起源于三叠纪，在白垩纪末期灭绝，在地球上约存在1.65亿年之久。与其他灭绝物种相比，恐龙更能使人类产生无限遐想。恐龙的英文dinosaur意思是"可怕的蜥蜴"，该词由英国自然历史博物馆的创始人理查德·欧文创造。

上图：霸王龙的头骨

目前已知的恐龙种类达800多种，但恐龙生存了约1.65亿年，在地球任何一个时期，它的种类都远少于800种。恐龙按骨盆结构主要分成两类——蜥臀目恐龙和鸟臀目恐龙。"蜥臀目恐龙"的意思是"臀部像蜥蜴的恐龙"，这种恐龙长着手指和长长的脖子，包括大型食草动物蜥脚类恐龙和食肉动物兽脚类恐龙。兽脚类恐龙体形大小悬殊，小的只有小鸡那么大，大的却可以比肩大象，其中较小的有秀颚龙，中等体形的有迅猛龙，较大的有霸王龙。

鸟臀目恐龙

上图：鸟臀目恐龙——禽龙的牙齿化石

鸟臀目恐龙就是"臀部像鸟类的恐龙"，它们臀部的耻骨像现代鸟类一样，向后生长。鸟臀目恐龙都是食草动物，包括浑身鳞片的装甲亚目恐龙、长着犄角的角龙和吻端像鸭嘴的鸭嘴龙。但外表最令人惊叹的是剑龙及其近亲——甲龙，它们都长着壮观的装甲骨板和尖刺。剑龙背上的骨板含有血管，用来接收或散发热量，调节体温，而尾巴上的尖刺则用来抵挡危险。剑龙虽然重约3吨，但大脑却只有80克左右，所以智力有限。甲龙长着钉状骨板，背上有成排的刺，头顶长角，还有一条棒槌样的尾巴。

下图：从剑龙的骨骼中可以看到背上的骨板

下图：甲龙

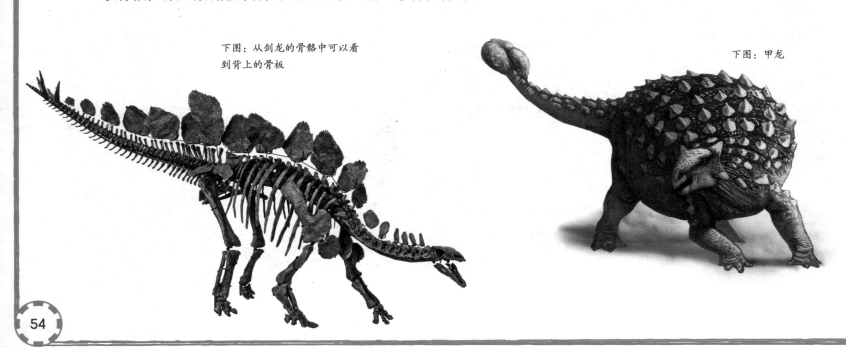

蜥臀目恐龙

蜥脚类恐龙像今天的长颈鹿一样，长着长脖颈、小脑袋，所以它们的颈部肌肉没有沉重的负担。阿根廷龙是最大的蜥脚类恐龙之一，它身长40米，重达80吨，仅心脏就有半吨重！作为食草动物，蜥脚类恐龙一生中大部分时间都在咀嚼，并定期更换磨损的牙齿。除了食草的蜥脚类恐龙，蜥臀目恐龙中还包括食肉的兽脚类恐龙。兽脚类恐龙用两条腿行走或奔跑，是现代鸟类的祖先。它们的食物包括蜥蜴和其他恐龙等，证明了其食肉的习性。南方巨兽龙是史上最大的兽脚类恐龙之一，它们高达4米，体长可达13米，最重可达10吨多。南方巨兽龙很可能曾猎杀过大型食草动物蜥脚类恐龙，也成群结队地追捕过大型猎物。异特龙也是一种兽脚类恐龙。19世纪美国出土了一具异特龙化石，约有12米长。虽然体形巨大，但这种热衷杀戮的肉食性恐龙仍会遭遇敌手。专家曾在一只异特龙化石的脊椎上发现了一个洞，正好与剑龙尾巴上的尖刺相匹配，说明该异特龙很可能是被剑龙杀死的。

慈爱的父母

恐龙是慈爱的父母，人们通常认为它们会悉心照顾巢中的蛋和孵化后的幼崽。恐龙也是群居动物，从它们的脚印中可以看出，这些庞然大物经常群体出行。

上图：阿根廷龙，最大的蜥脚类恐龙之一

会飞的翼龙

到侏罗纪晚期，翼龙成为空中霸主。翼龙其实是会飞的爬行动物而非恐龙，两翼展开可达12米。

白垩纪
（1.45亿～6600万年前）

　　到了白垩纪，盘古大陆的分裂已进入高潮，事实上，全球陆块可能从未像这样分裂过。巨大的环境变化促使一些恐龙灭绝，新的恐龙诞生。

　　白垩纪时期，海洋中散布着成千上万的小岛，只有少数几个大陆。今天的几块大陆，当时也被海水淹没，处于分裂状态，如欧洲成了一片广阔的海洋，只有几座高山露出海面。当时地表上只有18%是陆地，而今天为29%。

白垩纪的大陆裂缝

白垩纪时期，盘古大陆完全解体。这块坚固又古老的超大陆似乎正在分裂成越来越碎的小块。地球上到处都是裂缝，巨大的火山脊从洋底隆起。

在北部，劳亚大陆解体，欧亚大陆几乎完全与北美洲分离。在南部，南美洲与非洲分开，冈瓦纳大陆随之分裂。之后，印度、南极洲和澳大利亚也与非洲分开。印度与亚洲南部发生碰撞，在白垩纪晚期形成了喜马拉雅山脉——这也许是地球上有史以来最高的山脉。

上图：白垩纪的景观
发生了改变

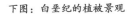
下图：白垩纪的植被景观

上图：白垩纪时期隆起的山脉

下图：白垩纪晚期形成的喜马拉雅山脉

大型海洋

白垩纪时期，地球是一个海洋世界。海水涌入大陆间的裂缝，不断隆起的火山脊和温暖的气候导致海平面上升。事实上，这一时期的海平面达到了史上最高水平。陆地边缘被海水淹没，形成巨大的浅滩。北美洲被连接墨西哥湾和北冰洋的浅海分成两半，西伯利亚也同样被浅海分开。

白垩纪温暖的浅滩上遍布生命。大到威胁鱼类的巨大爬行动物鱼龙，小到数不清的微型浮游生物，都生活在这里。巨型蛇状的沧龙在深海中滑行，初次亮相的巨型海龟——古海龟扇动着它们的鳍状肢，鳐鱼和现代鲨鱼无处不在，海胆、海星和珊瑚则铺满了海床。

除了如今在欧洲发现的白垩纪的白垩岩层之外，没有任何其他迹象可以显示欧洲白垩纪浅滩的规模。白垩是一种白色的石灰岩，在显微镜下，我们看到白垩几乎完全由数不清的微小壳状结构组成，这种壳状结构叫作"颗石"，是微型浮游生

上图：白垩纪的海洋巨兽——沧龙

上图：贝壳化石

物——球藻细胞表面覆盖的石灰质壳。想象一下，要形成几百米厚的白垩岩层得多少球藻啊！

多亏有了白垩，人类才制造出最初的工具。在白垩内部，富含二氧化硅的液体凝固成多个淡黄色小块，小块裂开会露出里面黑色和灰色的物质——燧石。燧石断裂后，断口非常锋利，因此在石器时代被人类用来制作刀片。

花的力量

开花植物（被子植物）出现于白垩纪，是至今依然存在的珍贵遗产。在白垩纪之前的数亿年间，裸子植物一直是地球上的主要植物，但随着被子植物的出现，裸子植物开始减少。苏铁、银杏、针叶树和蕨类植物等很快被小型开花植物替代，随

后，木兰树、杨树、无花果、柳树、悬铃木等高大的开花植物也繁盛起来。伴随着被子植物的繁荣，昆虫数量激增。蜜蜂、黄蜂、蚂蚁和甲虫等昆虫可以帮助开花植物传播花粉和种子。

左图：苏铁

右图：白垩纪时期，树叶、花朵和果实都很繁盛

新型恐龙

白垩纪时期，恐龙仍是无可争议的世界霸主，但当时大陆不断分裂、移动，给它们带来了生存挑战。栖居在盘古大陆上的恐龙突然发现自己生存的世界在不断变化，受到环境变化的影响，一些原有的恐龙种群消失了，而新的恐龙出现了。在南方大陆，大型蜥脚类恐龙漫步在陆地上，愉快地生活，在南美洲它们的数量达到了史上最大规模。同时，北方大陆上的蜥脚类恐龙渐渐消失，一大批新型食草恐龙（包括禽龙）开始留下它们的足迹。

上图：霸王龙

一些著名的狩猎恐龙成功在北半球站住脚跟。其中，霸王龙是有史以来最大最凶悍的动物之一，它们颌骨的咬合力无与伦比。还有更小的恐爪龙和迅猛龙，它们虽然身材较小，但行动敏捷、生性残暴，习惯集体狩猎。难怪它们的猎物——三角龙、甲龙和鸭嘴龙为了自卫，都演化出了鳞甲和角，看上去像长了腿的坦克！

上图：禽龙

左图：迅猛龙

左图：甲龙

左图：恐爪龙

左图：三角龙

鸭嘴龙

在北半球出现的最独特的新型食草恐龙之一，就是鸭嘴龙。鸭嘴龙大约出现在7500万年前，之所以被称为"鸭嘴龙"，是因为它们吻端宽阔，看起来有点像鸭嘴。鸭嘴龙以陆地上的植物为食，它们的颌骨和坚硬的牙齿能够有效地撕咬各种植物。喙的适应性很强，意味着它们可以成功应付被子植物大爆发时突然出现的各种新型植物。

有些鸭嘴龙的头顶上长着一个隆起的中空骨冠。这种骨冠并不能起到多大的保护作用，没人确定它们到底可以做什么。也有人认为这种空心结构是一个可以产生回音的共振室，能发出吹喇叭的声音，让鸭嘴龙之间可以进行交流。在电影《侏罗纪公园》中，成群的鸭嘴龙（实际上鸭嘴龙到白垩纪才出现）在逃离霸王龙的猎杀时，用骨冠发出叫声，声音不绝于耳。

上图：栉龙，一种鸭嘴龙

上图：副栉龙，一种鸭嘴龙，当时生活在今天的北美洲

世界新秩序

在这一时期，虽然恐龙仍是地球霸主，但很多新物种也在不知不觉中诞生，它们比大多数恐龙都要小得多，但在灾难发生时能幸存下来，并在恐龙灭绝后取代其地位。一些爬行动物——比如，乌龟、鳄鱼和蛇等，以及青蛙、蝾螈，在白垩纪长长的海岸附近快速爬行。与此同时，早期哺乳动物在夜幕的掩护下走出了森林，它们大多数不比鼩鼱（qújīng）（体长仅4~6厘米，体重1~5克）大，但也有少数和猫一样大。此外，天空中翱翔着大型会飞的爬行动物，包括史上最大的翼龙。小型鸟类也开始在空中盘旋，包括现代鸊鷉（pìtī）、鸬鹚（lúcí）、鹈鹕（tíhú）和鹬（yù）的祖先。

左图：风神翼龙，史上最大的飞行动物

左图：乌贝拉巴鳄，白垩纪的一种鳄鱼

左图：蝾螈

古近纪

（6600万～2300万年前）

　　导致恐龙灭绝的大灾难事件之后，地球进入了新生代（6600万年前至今）。哺乳动物开始成为主角。

　　这场大灾难在地质学上几乎没留痕迹，只在岩石中留下了一层薄薄的边界层，这一有名的岩层叫作"K-T界线"。它是介于白垩纪（1.45亿～6600万年前）和古近纪（6600万～2300万年前）之间的界线。在这一界线之下存在大量恐龙化石，在其上却找不到一副恐龙骨架。

　　在古近纪，盘古大陆的陆块仍在持续分离和漂移。在北部，大西洋正在逐步拓宽，将北美洲与欧洲完全隔开；而在南部，印度洋板块与亚洲南部相互碰撞、挤压，喜马拉雅山脉不断隆升。

现代世界的诞生

在古近纪（6600万～2300万年前）刚开始的时候，地球上的生命发生了翻天覆地的变化。恐龙及其许多亲缘动物突然消失，给新生命的出现创造了巨大的机会。此外，随着大陆持续漂移和气候变化——在古近纪前1000万年的古新世（6600万～5600万年前），气温上升；在始新世（5600万～3400万年前），气候逐渐变得干冷；最后在渐新世（3400万～2300万年前），气温骤降——全球各地都在发生变化。

上图：像始祖鸟这种长羽毛的生物变得更占优势

恐龙的皮肤通常处于裸露状态或者长满鳞片，要靠阳光的照耀来保持温暖。相比之下，长着羽毛或皮毛的动物更多是从食物中获取能量，更能适应这个千变万化的世界。在古新世，长羽毛的动物统治了地球，后来，长皮毛的哺乳动物成为世界霸主。植物也开始逐渐演化成我们现在熟悉的样子，很多古近纪的植物今天还存在着。

恐龙的灭绝

所有陆地恐龙及其天空和海洋中的大型近亲，比如，翼龙和沧龙，在6600万年前都突然灭绝了，就连浮游生物、腕足动物和海绵也受到重大打击。总之，全球大约75%的物种都消失了，只有一些哺乳动物、海龟、鳄鱼、蝾螈、青蛙以及鸟类、蜗牛、双壳动物、海星和海胆等逃过一劫。

上图：鹤望兰，又叫天堂鸟，这一植物如今在温暖地带仍有分布

为什么有些动物灭绝了，而有些今天仍然存在呢？这一直是个谜。一个主要的理论认为，这是由于陨石撞击地球加上大规模火山爆发造成的。这两大事件都会造成大量碎石、灰尘等飘浮到空中，遮挡太阳光，导致气温大幅下降，从而影响整个生态系统，使大型爬行动物难以生存。目前，有一些证据可以支持这一陨石撞击理论。首先，铱元素在地球上非常罕见，但在陨石中却很常见。专家在世界各地发现了一种薄薄的岩石，这种岩石中就包含来自恐龙灭绝时期的铱，这说明当时地球很可能遭受过陨石撞击。此外，研究人员还在墨西哥尤卡坦半岛的希克苏鲁伯发现了一个6600万年前的巨大陨石坑，进一步证明了这一观点。另一方面，印度德干高原分布着大片洪流玄武岩（凝固的火山熔岩），它们很可能是同时期大规模火山喷发形成的。但这一时期生物灭绝的真正原因，目前仍然没有明确的答案。

绿河组

绿河组位于美国怀俄明州及其周边地区，是世界顶级化石产地之一，其岩石形成的地质年代为始新世。这些岩石分布在湖泊丰富的丘陵山区，以保存了平顶鳄等鳄鱼化石、热带植物化石和丰富的鱼类化石而闻名。在

上图：伊神蝠，一种早期蝙蝠

这里还发现了最古老的蝙蝠化石。最古老的蝙蝠虽然会飞，但是不会使用如今蝙蝠生存所依赖的回声定位技能系统，如今的蝙蝠一定是后来才演化出这一特征的。

左图：在绿河组发现的始祖马（马的祖先）的化石

杀手鸟

在长达1000万年的时间里，鸟类似乎要称霸整个世界。当时很多鸟类比今天的大得多，通常不会飞，但这并不影响它们捕食同时期最大的哺乳动物。有些禽鸟类看起来十分可怕，比如，"恐怖鸟"（科学家称之为"恐鹤"），这种鸟类主宰南美洲长达6000万年，但在1万年前却神秘消失了。有些恐怖鸟体形巨大，比如，雷鸣鸟身高超过3米，体重和大型马匹差不多。新的研究表明，恐怖鸟的巨喙可以迅速而有力地啄食，可能会将和当今狼类一样大的猎物一击毙命，然后用强壮无比的爪子凶残地撕扯猎物身上的肉。

在其他大陆也有一些不会飞的大型鸟类，比如，分布在欧洲等地的戈氏鸟和澳大利亚的雷啸鸟。它们的喙呈钩状，所以一度被认为是捕食者。在这些大型鸟类的化石旁边，人们还发现了小型马类和其他小型哺乳动物的化石，科学家一度认为这些小型哺乳动物是它们的猎物。但是进一步的研究表明，这些鸟的喙太钝，腿太短，无法捕捉猎物。现在科学家认为，它们的喙是用来啄食亚热带森林中的树叶、果实和种子的。

还有一种大型鸟类也值得一提，它就是企鹅，包括身高可达2米的剑喙企鹅与厚企鹅，以及体形更小的肉食动物——威马努企鹅。

左图：不会飞的戈氏鸟体形巨大，外形恐怖

哺乳动物占领世界

始新世是哺乳动物接管地球的绝佳时期。当时的气候比之前更温暖，更重要的是，恐龙已经灭绝了，这为哺乳动物在数量和种类上的激增创造了条件。

早期哺乳动物大多是食草动物。其中有很多都是今天哺乳动物的祖先，但二者看起来很不一样，而且早期哺乳动物的体形通常要小得多，比如，磷灰兽。磷灰兽和今天的大象同属长鼻类动物，但磷灰兽并没有长长的鼻子，肩高只有约30厘米，像一只普通的家狗那么大。磷灰兽生活在始新世和更早的古新世。从始新世到最近的冰河时代，生活着种类和数量繁多的长鼻类动物，大象是最后的幸存者。始新世时期也生活着灵长类动物的祖先——更猴，但它们具体在哪块大陆上生存、演化尚不清楚。这种动物长得更像鼩鼱而非猴子，不过它们可能和猴子一样生活在树上，擅长攀爬，有些甚至长着像手一样的前脚！

上图：始新世时期的王雷兽

上图：普尔加托里猴，最早的灵长类动物之一

有蹄动物

始新世早期还出现了今天马和牛的祖先，也就是最初的小型有蹄哺乳动物。这些有蹄动物分两种，长着奇数脚趾的和长着偶数脚趾的。有偶数脚趾的动物包括我们熟悉的鹿、绵羊、牛和河马，它们属于偶蹄目动物；有奇数脚趾的动物包括马、驴、斑马、貘（mò）和犀牛，它们属于奇蹄目动物。早期最大的奇蹄目动物是巨犀，身长超过8米，肩高近5米，比非洲象还要大得多。事实上，巨犀也是有史以来最大的陆生哺乳动物。

下图：现代非洲象站立时肩高约3米，但始新世时的巨犀体形几乎是非洲象的2倍，也就是将近5米高

上图：巨犀，有史以来最大的陆生哺乳动物

鲸的快乐时光

令人惊讶的是，鲸的祖先是陆生动物。很难相信，以鱼虾为食的鲸鱼是从陆地食肉动物演化而来的，不过这可能是气候变化造成的。虽然始新世的气温比地球各个时期的平均气温更高，但当时的两极地区仍有冰盖，海洋中有着大量寒冷却营养丰富的洋流。早期鲸能够在这些洋流中捕食鱼类，或者过滤海水、捕捉浮游生物。即使在发展早期，有些

鲸的身长也超过20米。还有研究表明，与鲸亲缘关系最近的竟然是河马。专家发现了一种名为"罗德侯鲸"的海洋动物化石，这种动物有着鲸状脊椎及类似牛或者河马的四肢结构。更早的时候，还存在一种叫作"巴基鲸"的陆生动物，它们的骨骼结构也与鲸相似。

下图：灰鲸和河马的亲缘关系比它与海豚的更近

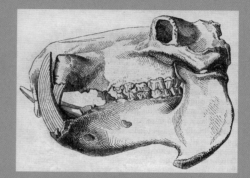

上图：河马的头骨

专家们多次强调，始新世时期不仅生活着一些已知最小的哺乳动物，也有很多大型的哺乳动物，比如，当时身长约5米的食草动物——王雷兽，当时温暖的气候为其提供了丰富的食物。但之后到了渐新世，气温下降，这种动物随之灭绝。

上图：父猫

和食草恐龙一样，王雷兽等大型食草动物的出现也使大型捕食者开始演化，以便更好地猎杀它们。比如，父猫这种"凶残的猫"，其大小和现代美洲狮差不多，也生活在森林里，捕食陆生动物和河鱼。

左图：有蹄哺乳动物

全新世
（1.17万年前至今）

当我们来到全新世，所有大陆似乎都到达了我们熟悉的位置。但这只是地球历史长河中的一瞬，在你阅读本书时，每块大陆又都移动了一点点，尽管在人一生的几十年中，大陆可能最多只会移动几米。

地质学家将我们人类生存的时代命名为"全新世"，意思是"完全新近的"。不过也有些科学家提出把从工业革命开始至今称为"人类世"，因为他们认为人类活动对地球产生了巨大影响。从地质学角度来说，人类对地球的影响是微不足道的，大陆仍在漂移，火山还在喷发，岩石也在不断形成，山脉有的正在隆起，有的海拔在下降，河流照常奔流，这一切都一如既往。然而，我们不能完全忽视人类对气候和海洋的影响。

在蓝色星球上生活

上图：鸟类、蝴蝶和花果鼠

我们的星球充满生命，这在宇宙中可能是独一无二的。随着人类的探索抵达地球最黑暗的角落，每个隐蔽之处、每条狭缝和每种恶劣环境中的生命的神秘面纱都将被揭开，无论它们的生存条件有多么极端。在最近完成的一次海洋生物普查计划中，人们仅在海洋里就发现了6000多种以前不为人知的物种。细菌在坚硬的冰层和岩石中生存，无数不明昆虫在阴暗的角落爬行，奇形怪状的鱼类潜伏在最深的海水中，勇敢的鸟儿翱翔在最高的山峰之上。

生命的多样性令人吃惊。各种生物在地球的各个角落以各种可能的方式游动、飞翔、滑行、爬行和奔跑。据生物学家估计，现存的物种可能至少有1000万种，目前已被发现的动物物种有150万种以上，其中昆虫100多万种，约占所有动物的66%，哺乳动物超过5700种，爬行动物超过8000种，两栖动物超过7000种，鸟类超过1万种，鱼类超过3万种。大多数动物学家都确信，还有更多数不胜数的物种有待人类发现。

上图：鱼类是目前地球上的生物类别之一

珊瑚

像澳大利亚东岸的大堡礁这样的珊瑚礁，是地球上最独特的海洋生态系统之一。珊瑚礁是成千上万种海洋生物生活的港湾，却受到了气候变化的巨大威胁，大片珊瑚礁已经出现白化现象。21世纪的珊瑚礁石灰岩还能否长久留存，供未来的地质学家欣赏和研究呢？

左图：红珊瑚

海洋危机

人们曾经认为海洋是如此浩瀚，不会被人类活动改变，而且几乎可以容纳任何数量的垃圾。然而有报告显示，在过去的十年里，全球未曾受到人类活动影响、仍处于未开发的原始状态的海洋仅剩4%，超过40%的海洋都遭到了严重破坏。主要原因有化学污染物、塑料等被倾倒入海，过度捕捞以及二氧化碳导致的水体酸化，等等。全球的海洋生物正在面临灾难，丰富的活珊瑚礁正在死亡，绿海藻森林正在消失，越来越多的物种濒临灭绝。

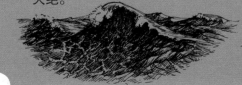

左图：海洋正在遭受破坏

新一轮生物大灭绝

人类活动肆无忌惮，使越来越多的物种遭殃，我们今天可能正在经历自恐龙灭绝后规模最大的一次物种灭绝。世界自然保护联盟（IUCN）濒危物种红色名录中，超过3.8万个物种濒临灭绝，其中两栖动物占41%、哺乳动物占26%。一些专家预测，超过三分之一的动植物物种将在未来50年内永远消失。虽然很多人认为这一数字过于夸张，但物种灭绝仍有可能大规模地发生。

右图：人类活动和栖息地的减少导致袋狼（塔斯马尼亚狼）灭绝

上图：来自埃塞俄比亚山区的山地大猩猩属于濒危物种，人类正努力采取行动进行挽救

这一近在眼前的悲剧要归咎于多种原因，比如，乱砍滥伐导致生物栖息地丧失，城市无序地扩张，杀虫剂和其他污染物污染土壤和海洋，大肆猎杀野生动物，过度捕捞，大气层的变化导致气候变暖、海水酸化，等等。你可能会想，物种灭绝又有什么关系呢？或者说，我们为什么要维护生物的多样性？科学家认为，生物多样性是一种"应急箱"，可以应对未来地球上发生的危机。更重要的是，自然界中的相互作用过于复杂，保持着微妙的平衡。所以即使是最不起眼的物种不幸灭绝，也有可能给整个生态系统带来灾难性的连锁反应。

还有一个更简单的原因，那就是生命的丰富性和多样性使地球成为一个充满奇迹的星球。从大型猫科动物到怪异的小虫子，每种生物都是独一无二的，它们的消失会让地球变得贫瘠。

气候变化

现在地球正在逐渐变暖。自2000年以来，全球地表平均气温明显高于20世纪。毫无疑问，人类是全球变暖的罪魁祸首，因为人类活动导致大气中的二氧化碳和其他温室气体不断增加。

上图：人类活动导致的气候变化威胁着数千种物种，北极燕鸥就是其中之一

大气中的温室气体像温室的玻璃一样，能够截留太阳热量，给地球"保温"。煤电厂、燃油汽车和各种工厂燃烧化石燃料（煤、石油和天然气等），向大气中排放大量的温室气体——二氧化碳，成为加剧温室效应的主要原因。另外，全球数不清的农场动物，尤其是奶牛，会排放另一种温室气体——甲烷，也会加剧温室效应。

全球变暖的迹象显而易见：冰川和冰原正在融化，海平面上升，沙漠扩张，伴随着强风暴，天气变得越来越极端。

右图：两极冰盖和冰川融化，导致全球范围内海平面上升

原始的灵长类动物

上图：普尔加托里猴，
一种早期灵长类动物

什么是灵长类动物？或者应该问：我们是谁？灵长类动物属于哺乳动物，包括人类、猴子、猿类和狐猴。所有灵长类动物都有高度发达的四肢，手上还长着拇指便于抓握东西。这些手经过复杂的演化，使它们更容易在树上栖居，对它们居住在陆地上也大有益处。

灵长类动物还有一些其他共同的特征。比如，它们的大脑体积较大，视觉发达，往往是群居动物，比其他大多数物种更擅长使用工具。

早期灵长类动物

最古老的灵长类动物化石来自约7000万年前的白垩纪晚期。最著名的早期物种是普尔加托里猴（见上图）。虽然它长相更像松鼠，但有着和现代灵长类动物相似的牙齿，这让它的进食范围广泛，食谱包括昆虫、水果和其他食物。这种超强的适应性是灵长类动物（包括人类）能够在世界各地生存的原因之一。

聪明的人脑

随着人类的演化，我们大脑的体积增加了两倍。在所有现存灵长类动物的大脑中，要数人脑最复杂、体积最大。人类和类人猿的区别就在于，我们是用两条腿直立行走，这样一来，我们的双手就得到了解放，可以做任何别的事情。专家认为，人类一旦不再依赖双手行走，大脑就开始迅速发育。

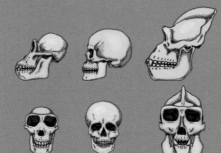

左图：从左到右依次
为黑猩猩、人类和大
猩猩的头骨

灵长类动物的演化

到了5000万年前，灵长类动物开始变得多样化。近猴科动物起源于今天的美国，之后在世界各地分布开来并迅速演化。最常见的一种近猴科动物是更猴，因其出土于法国的化石而闻名。更猴与后来的大多数灵长类动物外貌区别很大，它有长长的鼻子，眼睛位于头部两侧——这一细节非常重要。因为这意味着它们的两只眼睛无法同时看到同一物体，所以它们不会有完整的立体视觉。关于更猴的生活方式，目前还存在争议，它们可能生活在树上，也可能生活在陆地上。

其他早期灵长类动物还包括生活在中美洲和南美洲的阔鼻猴（新大陆猴）的祖先，不过相比于今天的南美猴类，它们在外形上更像非洲猴子（旧大陆猴），科学家对此感到疑惑不解。

上图：西非低地大猩猩

左图：黑猩猩

下图：白脸卷尾猴

上图：幽灵眼镜猴

如今的灵长类动物

经过演化，灵长类动物变得适合在树上生活，如今大部分灵长类动物仍认为生活在树上是最舒适的。灵长类动物分成旧大陆猴和新大陆猴两类，前者分布在亚洲和非洲，后者分布在中美洲和南美洲。

如今，世界上已发现的灵长类动物不少于560种，而且仍有新的种类不断被发现。它们体形各异，小的如懒猴、狐猴和眼镜猴，大的如大猩猩、猩猩和黑猩猩。

与其他同体形动物相比，灵长类动物的后代数量更少，妊娠期更长，对幼崽更加照顾，平均寿命也更长。

上图：环尾狐猴

人类诞生了

人类被认为起源于非洲，很可能是东非，因为这个地区有丰富的人类化石和人类祖先的化石。

其他接近现代人类的人种都已灭绝，比如，尼安德特人（主要分布于欧洲和西亚）、丹尼索瓦人（主要分布在中国）和弗洛勒斯人（发现于印度尼西亚的弗洛勒斯岛，身材矮小）。但人类的部分近亲，如黑猩猩、大猩猩和倭黑猩猩现在仍生活在非洲丛林中。虽然人类并不是大猩猩的直接后代，但两者有共同的祖先。你看，人类和大猩猩的骨骼有如此多的相似之处。

从约6万年前到1.5万年前，现代人类的祖先从非洲向欧洲、亚洲、美洲迁徙。

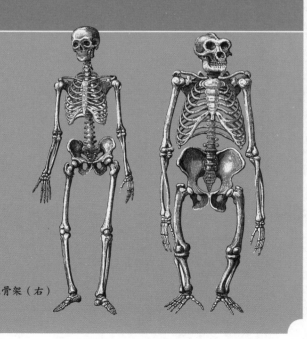

右图：人类骨架（左）和大猩猩骨架（右）

未来
（5000万年后）

地质学家能够从如今大陆的移动轨迹中，相当精准地绘制出大陆在5000万年后所处的位置。在未来，非洲将会挤压欧洲南部边缘，形成一座和喜马拉雅山一样的山脉，同时地中海会被挤压至消失。

地球上没有形成新的超大陆，至少在未来5000万年里还没有，那时的大陆仍是我们今天所熟知的这些。

而未来地球上的生命又会是什么样的呢？

未来地球上的生命

我们很难想象5000万年后的生活会是什么样子。不过未来地球上仍会有大片的栖息地——陆地、海洋、沙漠、湖泊和河流——供生物生存。有适合珊瑚生存的温暖海域，也有适合企鹅和北极熊生存的低温海域。但持续变化的气候可能导致我们熟悉的这些物种早早灭绝。

上图：像蟑螂这样的昆虫，可能会在地球生物大灭绝中幸存下来

到那时地球上还会有人类吗？乐观主义者认为，5000万年以后，随着长途太空旅行变为可能，人类或许已经遍布银河系。但对诞生了不到20万年的人类来说，5000万年是一段极其漫长的时间，其中可能会发生很多变故。而且按照自然规律，通常都是大型、复杂的生物（比如人类）首先受到灾难的影响并灭绝，只有昆虫等更简单的生命形式才可能长期生存。蟑螂也许能存活下来，但大猩猩可能会永远消失。

上图：小行星撞击地球可能导致地球生命灭绝

在如此漫长的时间里，可能至少会发生一次小行星撞击地球的事件，就像终结白垩纪的那次一样。目前人类正在大力发展科学技术，希望能够监测到此类小行星并改变其轨道。

如我们所见，过去发生的一些大灭绝事件和大规模的火山活动有关，这些火山活动能够改变地球气候，带来致命的"酷暑期"。几乎可以确定，未来5000万年间此类灾难仍会发生，很有可能就发生在美国黄石国家公园。到那时，之前导致冰岛和夏威夷火山喷发的滚烫的熔岩羽流，必然也会在地球其他地方造成火山喷发。

人们普遍认为，人类活动正在制造一场大规模的物种灭绝，规模与过去自然灾难引发的大灭绝相当。从理论上来说，5000万年的时间足以让新兴物种取代灭绝物种，但新兴物种到底是什么样子呢？我们还能认出它们吗？

左图：未来，美国黄石国家公园内的超级火山将会喷发

在未来，所有我们熟悉的地方都会消失。喜马拉雅山将变得近乎平坦，新的山脉将拔地而起，取代它的位置。当今世界上所有的大河都将停止奔流，而由人类造成的气候变化肯定会被更加极端的自然事件取代。未来可能会出现更多的冰期或极端高温时期，不过我们应该没有机会经历这些。

上图：在未来，新的山脉将拔地而起

冰期

冰期是全球最难以预测的事件之一。在一定程度上，冰期的出现是因为地球公转轨道的长期变化，这种变化叫作"米兰科维奇循环"，是以发现该现象的塞尔维亚科学家——米兰科维奇的名字命名的。不过，如果两极地区成为冰期的寒冷中心，那么那里的生物将远不如无冰的赤道及其周围地区的生物种类丰富，就像今天这样。

右图：未来5000万年里，地球可能会再次经历冰期

在更远的未来

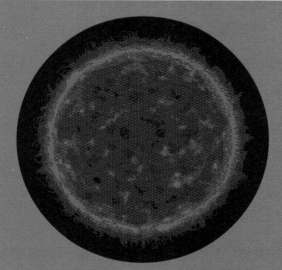

上图：熊熊燃烧的红巨星

在更远的未来，又将发生什么呢？3.5亿年后，地球上可能会出现一块新的超大陆；10亿年后，太阳光会强烈到足以煮沸海水，地球将不再宜居。人们预计在几十亿年之后，太阳将持续膨胀，成为一颗红巨星。它的体积可能大到足以吞噬地球，到那时，地球将变成一块贫瘠的岩石，而我们人类的故事也早已结束。

右图：10亿年后，太阳的热量足以蒸发掉海洋

术语表

被子植物　也叫开花植物，有真正的花，种子外有果皮包被着，能形成果实。

冰期　地球在冰期气温骤降，形成大片冰盖和冰川，从两极向远处延伸。

冰碛物　冰碛物是冰川和冰盖在堆积作用过程中，所搬运的碎片组成的沉积物。

超大陆　由今天的大部分大陆聚集在一起形成的巨型大陆。距离现在最近的超大陆是盘古大陆，在大约1.8亿年前开始解体。

叠层石　是由蓝藻群落层层堆积形成的圆形垫状化石。

对流　指较热的液体或气体的上升运动。

俯冲　是指两块构造板块碰撞时，一块板块下沉到另一块之下并进入地球内部的过程。

浮游生物　指海洋与河流中漂浮的微小生物，包括细菌、古细菌和海藻。

构造板块　是指所有组成地表的大型岩石块，永远处于移动状态。

古细菌　是一种微生物，和细菌同是地球上最早出现的生物。

海沟　是指洋底非常深的峡谷，通常因板块俯冲而形成。

黑烟囱　是一种海底热液喷口，形似烟囱，能喷出富含硫的炽热的黑色云状烟雾。

洪流玄武岩　指从地壳裂缝中喷涌出的岩浆凝固形成的玄武岩，玄武岩堆积又形成广阔的高原。

蓝藻　又叫蓝细菌、蓝绿藻等，一种像植物一样利用阳光进行光合作用来制造食物的大型单细胞原核生物。

裂谷　指构造板块（构成地表的巨大岩石块）裂解时在地壳上形成的裂缝。

灵长类动物　一种哺乳动物，数量庞大，包括猴子、猿、狐猴和人类。它们有适合攀爬的手指和脚趾，眼睛长在头部前方，大脑的体积相对较大。

裸子植物　苏铁、针叶树等裸子植物的种子直接长在球果中和叶子上，裸露在外，而开花植物的种子包裹在果实里。

软骨鱼　鲨鱼、鳐鱼等鱼类都属于软骨鱼，它们的骨骼由软骨而非硬骨组成。

生物大灭绝　指地球上大规模的生物集群灭绝。科学家认为地球曾经历过五次大灭绝。

温室效应　指空气中的某些气体像温室的玻璃一样吸收太阳的热量，使地球温度上升。

原核生物　指没有细胞核的微生物，比如，细菌和古细菌。

原生生物　任何非动物、植物和真菌的真核生物，通常由单一细胞组成。

陨石　一种体积大到足以穿过地球大气层并撞击地面的太空碎石。

真核生物　真核生物的细胞由细胞核和其他细胞器（微小组织）组成，也就是说，除了细菌、古细菌等原核生物之外，其他生物都是真核生物。

本书图片来自：

本书中13页左下、19页右上、22页左、23页左上、23页右中、23页右上、23页右下、24页左上、25页右下、27页右、28页右上、30页左上、31页右上、31页左下、34页右下、37页左上、37页右中、48页左下、49页左上、49页左下、52页右上、53页右下、54页右、54页左下、64页左上、64页右、67页右下、70页右中、76页右中图片来自英国伦敦自然历史博物馆，其他图片均来自Shutterstock。

致谢：

关于地球历史，目前有众多丰富的书籍和网络资源，本书深受以下作品影响：

特朗德·托斯维克，罗宾·M.科克.地球历史与古地理.剑桥大学出版社，2017.

格雷厄姆·帕特.欧洲的形成.达尼丁，2014.

保罗·威格纳尔.最糟糕的时代.普林斯顿大学出版社，2015.

詹姆斯·奥格，费利克斯·格拉迪斯坦.简明地质年代表.爱思唯尔出版社，2016.

彼得·托格希尔.英国地质史.航空出版社，2000.

理查德·福提.化石：洪荒时代的印记.伦敦自然历史博物馆，1982及修订本.

保罗·汉考克，布赖恩·斯金纳.牛津全球变化指南.牛津大学出版社，2000.

图书在版编目（CIP）数据

给孩子的地球简史 /（英）马丁·英斯
(Martin Ince) 著；刘凯译 . -- 北京：光明日报出版
社，2024.3
　　ISBN 978-7-5194-7798-1

　　Ⅰ . ①给… Ⅱ . ①马… ②刘… Ⅲ . ①地球—儿童读
物 Ⅳ . ① P183-49

中国国家版本馆 CIP 数据核字 (2024) 第 043419 号

Copyright © Weldon Owen International, LP
Title: Drift
北京市版权局著作权合同登记号：图字 01-2023-6006

给孩子的地球简史
GEI HAIZI DE DIQIU JIANSHI

著　者：［英］马丁·英斯（Martin Ince）

译　者：刘　凯

责任编辑：谢　香　徐　蔚　　　　　　　责任校对：孙　展
特约编辑：禹成豪　　　　　　　　　　　责任印制：曹　诤
封面设计：万　聪

出版发行：光明日报出版社
地　　址：北京市西城区永安路 106 号，100050
电　　话：010-63169890（咨询），010-63131930（邮购）
传　　真：010-63131930
网　　址：http://book.gmw.cn
E - mail：gmrbcbs@gmw.cn
法律顾问：北京市兰台律师事务所龚柳方律师
印　　刷：河北朗祥印刷有限公司
装　　订：河北朗祥印刷有限公司
本书如有破损、缺页、装订错误，请与本社联系调换，电话：010-63131930
开　　本：240mm×300mm　　　　　　　印　　张：10
字　　数：146 千字
版　　次：2024 年 3 月第 1 版
印　　次：2024 年 3 月第 1 次印刷
书　　号：ISBN 978-7-5194-7798-1
定　　价：69.00 元